新・し・い
高校教科書に学ぶ
大人の教養

いまどきの
高校生は知っている。
分析・予測のための
数学ツール！

高校微積

新井崇夫／青木秀紀 著

秀和システム

はしがき

高校における数学の指導内容は、少なくともここ20年程度の期間では大きくは変わっていません。指導する単元が少し増えたり減ったり、内容が微妙に変更になったりということはありますが、生物学や歴史学のように、最新の研究成果によって、指導する内容そのものが揺るがされるような事態はそうそう起こらないのが数学という学問といえるでしょう。

では、数学に関して理想的といえる指導方法が変化していないのかというと、そうではありません。特に、応用的な分野を開拓したり、利用したりするにあたって、数学は基礎中の基礎のツールとなっています。例えば、昨今話題のデータサイエンスの分野では、数学はごく基本的な道具として活躍しています。このような応用を見据えた指導を行うことは、効果的な数学教育にとって、ひとつの重要な側面であると思います。

数学への応用的なニーズは、時代とともに質的・量的に変化していきます。

深層学習が脚光を浴び始めた2012年頃を仮に昨今のデータサイエンスブームの起点だとすれば、データサイエンスブーム以前では、高校以降の微積分に代表されるような、ややテクニカルといえる数学を応用する人物は、一部のエンジニアや専門家に限定されていたのではないでしょうか。

一方、データサイエンスブーム以降では、専門的な知識を持たない一般の会社員や大学生が、仕事や研究の道具として深層学習モデルを構築したり、それを役立てたりしています。このように、かつて高度とされていた数学はもはや当たり前に活用される身近な存在となっているため、その中身を知ることは実用的であるばかりか、知的に大変愉快なものです。かつて数学に挫折した方でも、改めて数学を学びなおすことは遅くないばかりか、大変有効で楽しい手段だと思います。

ところで、数ある学びなおし向け書籍の中で、本書を手に取っていただく上での、本書の特徴について述べさせてください。

本書は、微分法、積分法、微分方程式について、できるだけ高校の微分積分の教科書の範囲を逸脱しないように気をつけて執筆されています。ただし、「大人の教養」として読まれるという点を鑑みて、復習が必要と思われる場合には基本的な内容を復習したり、高校教科書的な説明の仕方ではかえって遠回りになってしまいそうな部分については、より正確な内容で説明を試みたりしています。

コラムでは、本文の内容の図解や、関連する数学者について、あるいは応用を見据えた話題を紹介しています。気になった部分については、ぜひ関連書籍を書店でお求めになっていただき、より深い数理の世界に足を踏み入れていただければ筆者として大変嬉しく思います。

本書は、かつて高校数学の微分積分で挫折した方、学校の授業が面白くない現役高校生の方、指導法に悩む高校・予備校教員の方、趣味としてライトな数学書を手に取りたい方など、幅広く想定しています。説明の仕方は、過度に正確さを犠牲にせず、遠回りもせず、適度な塩梅を目指していますが、読み物の域を出ないようにもしていますので、より本格的で厳格な数学書で学びたい方は他の教科書をお買い求めになり、さらに学びを深めていただければ幸いです。

最後に、本書の執筆にあたりお世話になりました、秀和システムの清水様、及び、共著者の青木様に深く感謝申し上げます。

2023年9月　新井崇夫

● 本書の使い方 ●

特徴1　概要が簡潔にわかる!

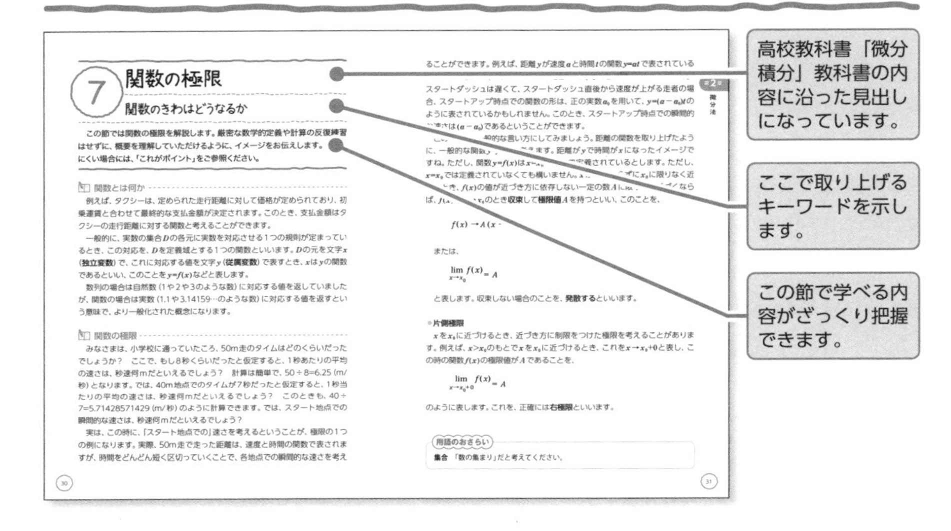

7 関数の極限

関数のきわはどうなるか

この節では関数の極限を解説します。厳密な数学的定義や計算の反復練習はせずに、概要を理解していただけるように、イメージをお伝えします。にくい場合には、「これがポイント」をご参照ください。

関数とは何か

例えば、タクシーは、定められた走行距離に対して価格が定められており、初乗運賃と合わせて最終的な支払金額が決定されます。このとき、支払金額はタクシーの走行距離に対する関数と考えることができます。

一般的に、実数の集合Dの各元に実数を対応させる1つの規則が定まっているとき、この対応を、Dを定義域とする1つの関数といいます。Dの元を文字x（**独立変数**）で、これに対応する値を文字y（**従属変数**）で表すとき、xはyの関数であるといい、このことを$y=f(x)$などと表します。

数列の場合は自然数（1や2や3のような数）に対応する値を返していましたが、関数の場合は実数（1.1や3.14159…のような数）に対応する値を返すという意味で、より一般化された概念になります。

関数の極限

みなさまは、小学校に通っていたころ、50m走のタイムはどのくらいだったでしょうか？　ここで、もし8秒くらいだったと仮定すると、1秒あたりの平均の速さは、秒速何mだといえるでしょう？　計算は簡単で、50÷8=6.25（m/秒）となります。では、40m地点でのタイムが7秒だったと仮定すると、1秒当たりの平均の速さは、秒速何mだといえるでしょう？　このときも、40÷7=5.71428571429（m/秒）のように計算できます。では、スタート地点での瞬間的な速さは、秒速何mだといえるでしょう？

実は、この時に、「スタート地点での」速さを考えるということが、極限の1つの例になります。実際、50m走で走った距離は、速度と時間の関数で表されますが、時間をどんどん短く区切っていくことで、各地点での瞬間的な速さを考え

30

ることができます。例えば、距離yが速度aと時間tの関数$y=at$で表されている

スタートダッシュは遅くて、スタートダッシュ直後から速度が上がる走者の場合、スタートアップ時点での関数の形は、正の実数a_0を用いて、$y=(a-a_0)t$のように表されているかもしれません。このとき、スタートアップ時点での瞬間的な速さは$(a-a_0)$であるということができます。

……的な言い方にしてみましょう。距離の関数を取り上げたように、一般的な関数……ます。距離がyで時間がxになったイメージですね。ただし、関数$y=f(x)$は$x=x_0$……定義されているとします。ただし、$x=x_0$では定義されていなくても構いません。……にx_0に限りなく近……とき、$f(x)$の値が近づき方に依存しない一定の数Aに……ならば、……x_0のとき**収束**して**極限値**Aを持つといい、このことを、

$$f(x) \to A(x \to \cdots$$

または、

$$\lim_{x \to x_0} f(x) = A$$

と表します。収束しない場合のことを、**発散する**といいます。

・**片側極限**

xをx_0に近づけるとき、近づき方に制限をつけた極限を考えることがあります。例えば、$x>x_0$のもとでxをx_0に近づけるとき、これを$x \to x_0+0$と表し、この時の関数$f(x)$の極限値がAであることを、

$$\lim_{x \to x_0+0} f(x) = A$$

のように表します。これを、正確には**右極限**といいます。

用語のおさらい

集合　「数の集まり」だと考えてください。

31

特徴2　図解やイラストでラクラク理解

文章で解説を図版やイラストでわかりやすくまとめています。

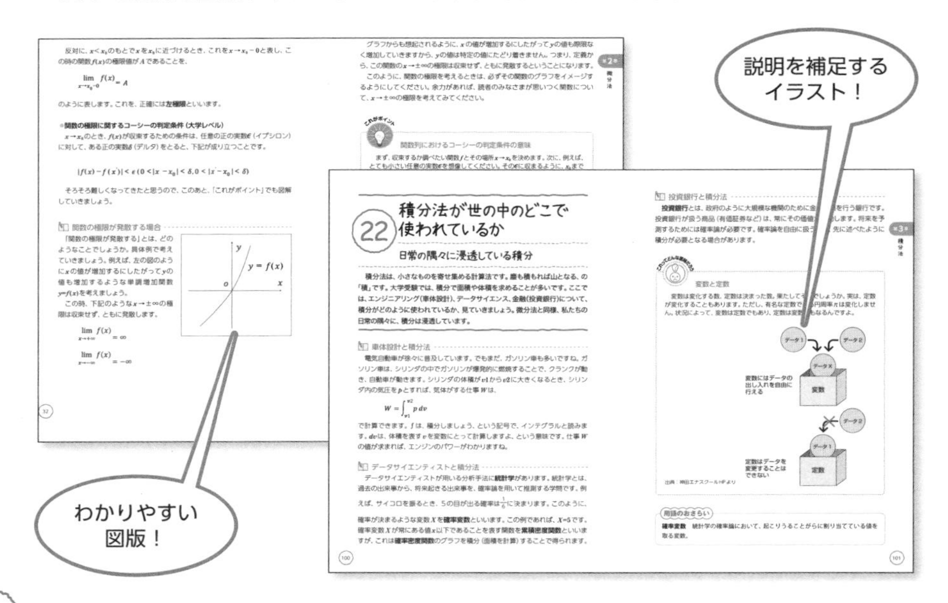

反対に、$x<x_0$のもとでxをx_0に近づけるとき、これを$x \to x_0-0$と表し、この時の関数$f(x)$の極限値がAであることを、

$$\lim_{x \to x_0-0} f(x) = A$$

のように表します。これを、正確には**左極限**といいます。

・**関数の極限に関するコーシーの判定条件（大学レベル）**

$x \to x_0$のとき、$f(x)$が収束するための条件は、任意の正の実数ϵ（イプシロン）に対して、ある正の実数δ（デルタ）をとると、下記が成り立つことです。

$$|f(x)-f(x')|<\epsilon\ (0<|x-x_0|<\delta, 0<|x'-x_0|<\delta)$$

そろそろ難しくなってきたと思うので、このあと、「これがポイント」でも図解していきましょう。

関数の極限が発散する場合

「関数の極限が発散する」とは、どのようなことでしょうか。具体例で考えていきましょう。例えば、左の図のようにxの値が増加するにしたがってyの値も増加するような単調増加関数$y=f(x)$を考えましょう。

この時、下記のような$x \to \pm\infty$の極限は収束せず、ともに発散します。

$$\lim_{x \to +\infty} f(x) = \infty$$

$$\lim_{x \to -\infty} f(x) = -\infty$$

32

グラフからも想起されるように、xの値が増加するにしたがってyの値も際限なく増加していきますから、yの値は特定の値にたどり着きません。つまり、定義から、この関数の$x \to \pm\infty$の極限は収束せず、ともに発散するということになります。

このように、関数の極限を考えるときは、必ずその関数のグラフをイメージするようにしてください。余力があれば、読者のみなさまが思いつく関数について、$x \to \pm\infty$の極限を考えてみてください。

22 積分法が世の中のどこで使われているか

日常の隅々に浸透している積分

積分法は、小さなものを寄せ集める計算法です。塵も積もれば山となる、の「積」です。大学受験では、積分で面積や体積を求めることが多いです。ここでは、エンジニアリング（車体設計）、データサイエンス、金融（投資銀行）について、積分がどのように使われているか、見ていきましょう。微分法と同様、私たちの日常の隅々に、積分は浸透しています。

車体設計と積分法

電気自動車が徐々に普及しています。でもまだ、ガソリン車も多いですね。ガソリン車は、シリンダの中でガソリンが爆発的に燃焼することで、クランクが動き、自動車が動きます。シリンダの体積が$v1$から$v2$に大きくなるとき、シリンダ内の気圧をpとすれば、気体がする仕事Wは、

$$W=\int_{v1}^{v2} p\,dv$$

で計算できます。$\int$は、積分しましょう、という記号で、インテグラルと読みます。dvは、体積を表すvを変数にとって計算しますよ、という意味です。仕事Wの値が求まれば、エンジンのパワーがわかりますね。

データサイエンティストと積分法

データサイエンティストが用いる分析手法に**統計学**があります。統計学とは、過去の出来事から、将来起きる出来事を、確率論を用いて推測する学問です。例えば、サイコロを振るとき、5の目が出る確率は$\frac{1}{6}$に決まります。このように、確率が決まるような変数Xを**確率変数**といいます。この例であれば、$X=5$です。確率変数Xが常にある値x以下であることを表す関数を**累積密度関数**といいますが、これは**確率密度関数**のグラフを積分（面積を計算）することで得られます。

100

投資銀行と積分法

投資銀行とは、政府のように大規模な機関のために金……を行う銀行です。投資銀行が扱う商品（有価証券など）は、常にその価値が……します。将来を予測するためには確率論が必要です。ただし、……先に述べたように積分が必要となる場合があります。

変数と定数

変数は変化する数、定数は決まった数。果たして……でしょうか。実は、定数が変化することもあります。……ん。状況によって、変数は定数でもあり、定数は変数……なるんですよ。

用語のおさらい

確率変数　統計学の確率論において、起こりうることがらに割り当てている値を取る変数。

101

特徴3　理解が深まる記事が満載!

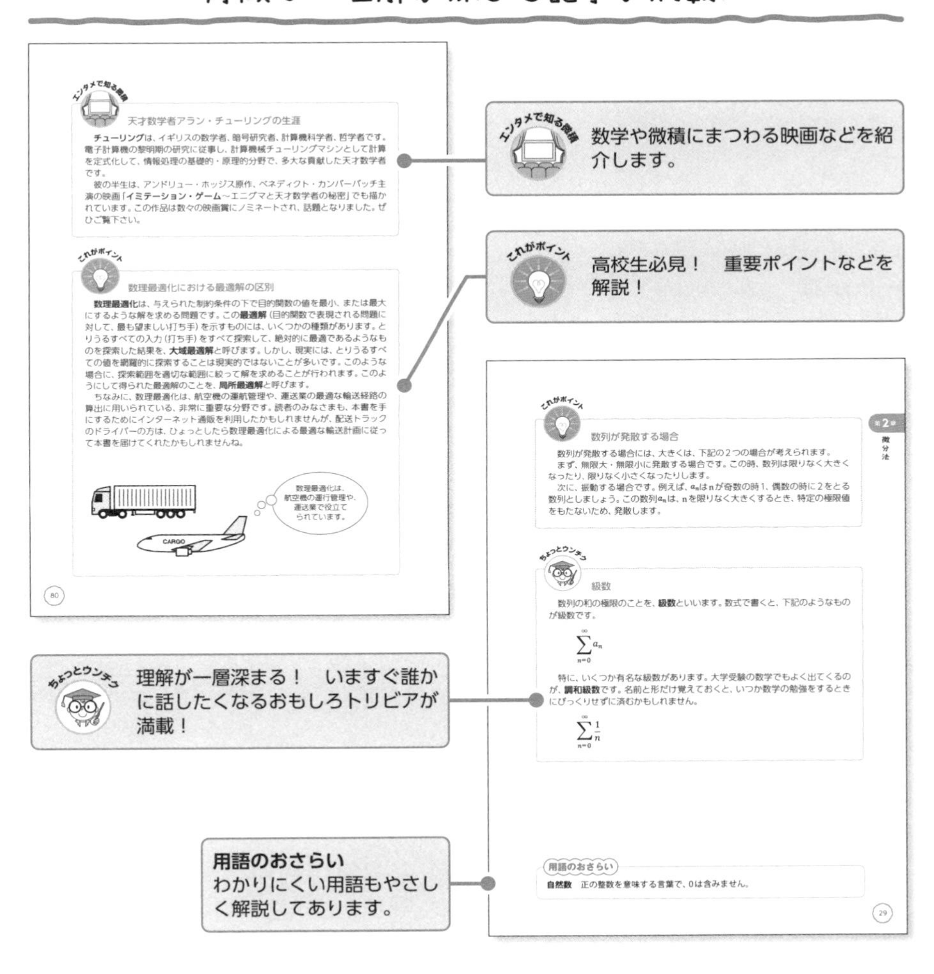

エンタメで知る微積

天才数学者アラン・チューリングの生涯

チューリングは、イギリスの数学者、暗号研究者、計算機科学者、哲学者です。電子計算機の黎明期の研究に従事し、計算機械チューリングマシンとして計算を定式化して、情報処理の基礎的・原理的分野で、多大な貢献した天才数学者です。

彼の半生は、アンドリュー・ホッジス原作、ベネディクト・カンバーバッチ主演の映画「**イミテーション・ゲーム**～エニグマと天才数学者の秘密」でも描かれています。この作品は数々の映画賞にノミネートされ、話題となりました。ぜひご覧下さい。

これがポイント

数理最適化における最適解の区別

数理最適化は、与えられた制約条件の下で目的関数の値を最小、または最大にするような解を求める問題です。この**最適解**（目的関数で表現される問題に対して、最も望ましい打ち手）を示すものには、いくつかの種類があります。とりうるすべての入力（打ち手）をすべて探索して、絶対的に最適であるようなものを探索した結果を、**大域最適解**と呼びます。しかし、現実には、とりうるすべての値を網羅的に探索することは現実的ではないことが多いです。このような場合に、探索範囲を適切な範囲に絞って解を求めることが行われます。このようにして得られた最適解のことを、**局所最適解**と呼びます。

ちなみに、数理最適化は、航空機の運航管理や、運送業の最適な輸送経路の算出に用いられている、非常に重要な分野です。読者のみなさまも、本書を手にするためにインターネット通販を利用したかもしれませんが、配送トラックのドライバーの方は、ひょっとしたら数理最適化による最適な輸送計画に従って本書を届けてくれたかもしれませんね。

数理最適化は、
航空機の運行管理や、
運送業で役立て
られています。

CARGO

80

第2章 微分法

これがポイント

数列が発散する場合

数列が発散する場合には、大きくは、下記の2つの場合が考えられます。

まず、無限大・無限小に発散する場合です。この時、数列は限りなく大きくなったり、限りなく小さくなったりします。

次に、振動する場合です。例えば、a_nはnが奇数の時1、偶数の時に2をとる数列としましょう。この数列a_nは、nを限りなく大きくするとき、特定の極限値をもたないため、発散します。

ちょっとウンチク

級数

数列の和の極限のことを、**級数**といいます。数式で書くと、下記のようなものが級数です。

$$\sum_{n=0}^{\infty} a_n$$

特に、いくつか有名な級数があります。大学受験の数学でもよく出てくるのが、**調和級数**です。名前と形だけ覚えておくと、いつか数学の勉強をするときにびっくりせずに済むかもしれません。

$$\sum_{n=0}^{\infty} \frac{1}{n}$$

用語のおさらい

自然数　正の整数を意味する言葉で、0は含みません。

29

こんな人に読んでほしい!

学びなおしたい大人

近年は、AIやデータ分析など様々な分野で微積が活用されています。現代社会に対応するには、微積は必須の数学ツールとなります。本書では、微積を基礎から学べます。

先生

教育の現場で、どんなふうに教えたらいいのか悩んでいる先生は多いようです。本書は、生徒の興味を引く話題から、教えるヒントにもなります。

生徒

要点をコンパクトにまとめているので、参考書としても、副読本としても、使っていただけます。

新しい高校教科書に学ぶ大人の教養

高校・微積

Contents

第3章 積分法

第4章 微分方程式

第1章

微分積分を学ぶということ

微分積分を学ぶことの意義は何でしょうか？　個人によって様々な答えがあると思いますが、特に本書を手にとられた「大人の」読者のみなさまにおかれましては、「役に立つから」ということが１つの回答になり得ると考えています。本書では、読者のみなさまから「大人になったからこそ、面白い」といっていただけることを目指して、「役に立つ」微分積分の世界をご紹介します。

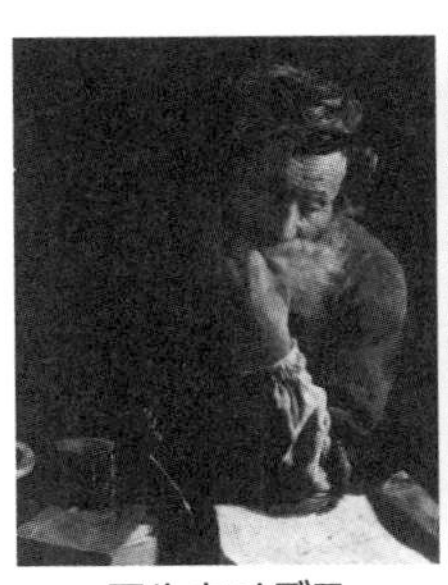

アルキメデス
（紀元前287?～212年）

ピエール・ド・フェルマー
（1607～1665年）

なぜ微分積分を学ぶのか

微分積分は役に立つ!

微分積分を学ぶことの意義は何でしょうか？ 「役に立つから」が1つの回答になると思いますが、本書では「大人になったからこそ、面白い」といっていただけるよう、「役に立つ」微分積分の世界をご紹介します。

数学は楽しいか？

突然ですが、みなさまは中学生や高校生だったころ、数学の授業が楽しかったでしょうか？ 私の学校の先生は、よく「数学は楽しいから、この魅力をみんなにも伝えたい」と仰っていたように思いますが、みなさまも同様の言葉に聞き覚えがあると思います。しかし、果たして数学はみんなにとって楽しいものでしょうか？

数学そのものの楽しさを味わうことができるかどうかは、相当程度に個人差があることだと思います。したがって、数学が楽しくなくても、負い目を感じる必要はありませんし、無理をして楽しいと感じなければいけない理由はないと思っています。

さらにいうと、数学はむしろ多くの人にとって「辛く苦しいもの」ではないかとすら思います。何ページにも及ぶたくさんの計算をすれば誰だって手が疲れますし、出てきた結果もエレガントなものばかりではありません。「美しい結果がでた！」というときは、最初から美しくなるように仕組まれているか、たまたまそのような結果になっているだけのことが多いです。計算を行った後でも、難解な結果と睨み合って「この計算は正しいのだろうか」などと不安に苛まれることになります。数学と向き合う苦痛はみなさまの多くにとっても共感いただけるのではないかと思います。

以上のことから、筆者としては、「数学は楽しいから学ぶ」というのは、かなり限定的な主張のように感じます。

数学は論理的思考力を鍛えるか？

「数学を学ぶと**論理的思考力**がつく」という主張もしばしば耳にします。この主張そのものに大きな論理的飛躍がありますが、あえてその論理の空隙を埋めるとすると、どのようなことをいっているのでしょうか？

ここでいわれている**論理的**という言葉には、（これは筆者の予想にすぎませんが）恐らく**演繹的**という意味が含まれていると思います。しかし、この「演繹的」思考力なるものは、数学でなくても、科学的営み一般の中で身につくものだと思います。歴史学であれ、経営学であれ、ここでいわれている意味での論理的思考力を高めるためには問題ないと思います。（ちなみに、数学における「論理」を研究対象とし、数学の証明体系そのものを扱う分野として数理論理学があります。しかし、恐らくここでいわれている論理とは数理論理学云々といったことではないと認識しています。）したがって、論理的思考力を高めることができるという効用は、数学を学ぶ動機としてそれほどクリティカルなものになり得ません。

数学偉人伝

遠山啓（1909～1979年）

数学者、数学教育運動家、東京工業大学名誉教授として広く知られています。1933年に「量の理論」を提唱し、翌年には「水道方式による計算体系」を発表しました。

主な著書に『無限と連続』（岩波新書）、『微分と積分―その思想と方法』（ちくま学芸文庫）、『数学の学び方と教え方』（岩波新書）などがあります。

ちょっとウンチク

遠山啓の「数学教育論」

遠山啓は東京帝国大学に入学するも、講義内容の退屈さに失望し退学。当時、自由な校風で知られていたという東北帝国大学に再入学します。そんな彼はまさに教養人で、哲学や宗教学、物理学にも造詣が深かったといいます。彼は、数学教育法について様々な論考を行い、学習者の自発性を引き出しつつ、体系的に数学を教育するためにはどのようにすれば良いのかについて晩年まで考え抜きました。

数学は役に立つ

筆者は、数学を学ぶ意義は、「役に立つこと」だと考えています。読者のみなさまのうち、多くの方は社会で働き、賃金を得ていると思います。働く中で、高校生の時よりも、さらに幅広い経験を得ると思います。例えば、世の中のお金の流れ、人々の動き、物が動く仕組み、システムや制度の設計について、大人になったからこそ視野が広がる場面は多々あると思います。このような経験は、高校の教室や部活動、アルバイトに励むことが「仕事」である高校生の時にはなかなか得られないものです。では、社会人が数学を学ぶときに「役に立つ」とはいったいどのようなことなのでしょうか？

まずは、社会人と対照的な存在として、高校生の場合を考えてみましょう。高校生の場合には、数学を学ぶ意義は、「将来何かの役に立つかもしれないから」とか、「進級や進学のために必要だから」、「資格試験の科目になっているから」といったことが多いと思います。一方で、社会人の場合には、既に社会生活の中の無数の場面において、数学の恩恵を受けているはずです。みなさまのうち、ほとんどの方は、ご自身が数学の恩恵にあずかっていることに自覚的ではないかもしれません。しかし、無自覚であっても、自分の身の回りにある数学について知ることで、人生を豊かにすることができます。

では、「数学を学ぶことによって、数学は役に立ち、人生が豊かになる」とは、具体的にどのようなことなのでしょうか？　このことには、大きく２つのパターンがあると思います。

まず、身の回りで使われている技術や制度の背景として存在する数学を知ることで、制度や技術を利用する際のイメージが具体的になります。例えば、最近流行の人工知能の技術でも、当然ですが、その背景には数学があります。みなさまが持っているスマホの中の機能にも、たいていは人工知能が搭載されていますし、その裏側には数学があるのです。「技術は専門家やエンジニアだけが理解していればよいのだから、自分には関係ない」と思われるかもしれません。

しかし、自分とは関係のないことに首を突っ込むことこそが豊かさであり、まさに「大人の教養」の意味ではないでしょうか。

また、他の分野の学習の際に、シナジー効果が生まれます。物理学や経済学を学ぶときに、数式をいちいち読み飛ばしていては、ほとんど身につかないことでしょう。世の中の多くの学術分野には大なり小なり数学が関係しており、数学を学ぶことで本質的な理解に大きく近づきます。このように、数学の学習と他分野の学習を組み合わせて、その果実を得ることができます。

このように、数学は役に立ちますし、大人が学ぶからこそ、このことは一層意味を持ちます。かつて数学の勉強で挫折してしまったみなさまも、大人になったからこそ見えてくる世界があるはずです。本書と本シリーズがみなさまの手に取られ、みなさまが新しい世界の扉を開く（あるいは、高校時代の数学のトラウマを克服する）一助になれば幸いです。

ソーカル事件

ジル・ドゥルーズは、フランスの哲学者です。ユニークなアナロジーを用いて独自の哲学を展開し、ヒュームやスピノザ、ベルクソンらの著作を再解釈しました。

ドゥルーズは、1925年、パリで生まれました。ソルボンヌ大学で哲学を学び、1948年に教授資格試験に合格。パリ第八大学（ヴァンセンヌ大学）の哲学教授として定年まで勤めますが、晩年は窒息の発作が悪化し、人工肺で生存していましたが、1995年、自宅の窓から投身自殺して亡くなりました。

彼の哲学では、数学的な概念による難解な比喩を用いて議論が展開されました。特に、ドゥルーズの著書「差異と反復」における数学的な比喩は、「デデキントの切断」「極限」「連続性」「微分」「多様体」「級数展開」「特異点」「解析接続」「ガロア体理論」「微分方程式論」などです。実際のところ、比喩の内容が何を意味しているのかについては曖昧なところが多く、彼の主張に対して適切なアナロジーになっていないのではないかという批判があります。実際、アラン・ソーカルはドゥルーズを含む哲学者を名指しして、ある大胆な方法により当時の人文学の衒学性を批判しました。その方法とは、「著者自身でも理解できない出鱈目な科学知識を織り交ぜて哲学論文を著し、学術誌に掲載する」というもので、物議を醸しました。ソーカルが提起したこの議論は、**ソーカル事件**と呼ばれます。

微分積分を学ぶ意義

前置きが長くなりました。微分積分を学ぶ意義についても、「役に立つ」ということが大きな比重を占めると思っています。

積分は、アルキメデスの時代から「面積をもとめる」という点で役に立っていましたし、微分についても、**ニュートン**や**ライプニッツ**の時代から、「物理量の変化をとらえる」という点で役に立っていました。

このように、積分も微分も、初めから応用からの要請があって発明（発見？）された操作なのです。

現代においても、自動車の設計や経済政策の立案、コンピュータから薬の開発まで、ありとあらゆる場面で微分や積分が登場します。もはや私たちの日常には微分積分があふれていますし、たいていの学問を学ぶ場合には微分や積分が登場します。本書は、微分や積分についてご紹介することを通じて、みなさまが教養を深め、微分積分を人生の役に立てることを目指して執筆されています。

数学偉人伝

ライプニッツ（1646～1716年）

ゴットフリート・ヴィルヘルム・ライプニッツは、ドイツの哲学者、数学者です。ちょっとよくわからない肩書ですが、あまりにも天才だったため、何でもこなせてしまったようです。

哲学者としては、デカルトやスピノザなどとともに近世の大陸合理主義を代表する人物として知られています。著書として、『モナドロジー』、『形而上学叙説』、『人間知性新論』、『神義論』などがあります。

数学者としても大変偉大な業績を残しており、ニュートンと同時期に独立に微分法を発明したと言われています。

ゴットフリート・ライプニッツ▶

微分の発明者、ニュートンとライプニッツ

ニュートンは、イングランドの数学者、物理学者です。1661年にケンブリッジ大学トリニティカレッジに入学し、数学を学びました。現在も、大学には有名な「万有引力」をひらめいたと言われるリンゴの木が植えられています。

ニュートンとライプニッツのどちらが先に微積分を発明したのかについては、歴史上でも有数の論争となりました。世間に発表された年でいうと、1684年ライプニッツの「極大と極小に関する新しい方法」の方が1687年ニュートンの「プリンキピア」よりも早い上、現在から振り返ると、数学の記号法として多く用いられているものはライプニッツによる微積分法のようです。

ライプニッツと共に、微積の創始者です。

▲アイザック・ニュートン

フィールズ賞

現代数学のノーベル賞ともいわれる**フィールズ賞**という賞があります。

フィールズ賞は、若い数学者のすぐれた業績を顕彰し、その後の研究を励ますことを目的に、カナダ人数学者ジョン・チャールズ・フィールズの提唱によって1936年に作られました。

数学に関する賞では最高の権威ですが、若い数学者の優れた業績を顕彰し、その後の研究を奨励することが目的であることから、「4年に一度」「40歳以下」「2名以上4名以下」という制限があります。

日本人では、これまでに、小平邦彦、広中平祐、森重文が受賞しています。

表面にアルキメデスの肖像、受賞者の名前は縁に刻まれます。

▲フィールズ・メダルの表面

数学の勉強法

微分積分は役に立つ!

微分積分の学び方について、「大人の教養」として「役に立てる」ことを目的とした場合の勉強法について、3つのポイントをご紹介したいと思います。

数学の勉強法2パターン

数学には2種類あります。理学部の数学と、工学部の数学です。大学以降のレベルの数学書を手に取ってみていただくとおわかりかもしれませんが、同じテーマの書籍を見ても、数学の理論的な部分を解説している理学的な数学書と、数学の応用や、具体的な計算の仕方を解説している工学的な数学書では毛色がまったく異なります。本書では、「役に立つ」というテーマに即して、(筆者がどちらかというと工学系のバックグラウンドであることも背景のひとつではありますが) よりみなさまの身近にある工学的な意味での数学の勉強法について述べます。

ここでの数学の勉強の方法として、下記では、「例を作ってみること」、「もう一段発展的な内容や応用に触れること」、「手計算してみること」を挙げたいと思います。

例を作ってみること

数学の勉強にあたり、例を作ってみることは大変理解を深めます。特に、複雑な問題や、難解な定義、定理が登場した際には、ぜひ具体的な例を想像してみてください。例えば、複雑な数列や関数に出会ったら、いくつかの具体的な値を代入して調べてみましょう。あるいは、難しそうな定理の証明問題に出会ったら、特定の場合について、定理がどのように成立するのかを調べてみることが解決の糸口になることが多いです。

用語のおさらい

極限　数列がある値に限りなく近づくとき、その値のことを数列の極限あるいは極限値といい、この数列は収束するといいます。

もう一段発展的な内容や、応用に触れること

いま勉強している内容に躓いてしまったり、飽きてしまったりした際には、理解しているところまで戻ってみるという方が多いと思います。ここでは、逆に、もう一段発展的な内容や、応用に触れることも併せてお勧めします。

特に、これからご紹介するような、関数の極限や連続性の内容は、そこだけ学ぶと何をいっているのか、何が嬉しくてこんなことを勉強しているのかがわからなくなってしまうことがあると思います。

例えば、関数の収束性や連続性の議論は、実は大学レベルの微分積分（それも、特に大学3回生以降のレベル）においてようやく輝きますが、初めてそうした概念を学ぶ高校生の段階ではそうしたことはまだ見えていません。

しかし、学んだ概念が輝く場所を先取りして知っておくことは、数学を学ぶ上で助けになります。

手計算してみること

手計算をしてみることは、数学の勉強における基本的な事項になります。特に、初めて出会う概念を習得するためには、一般的な書籍の付録として掲載されている練習問題を解いてみることが非常に有効です。

本書には、紙幅の都合上、練習問題をあまり多くは載せていませんが、興味をお持ちの方は、ぜひ他の書籍も手に取ってみて、具体的な計算をやってみることをお勧めします。

高校の数学と大学の数学

高校の数学と大学の数学の違いとしてよく指摘されるのは、「**極限概念**の扱い」です。後で述べるように、微分積分を学ぶ上で、**極限**という概念が重要です。しかし、実は高校の教科書では、極限の定義は説明されず、そういう概念があるということのみを学びます。本書では、折衷案として、きちんとした極限の定義について、イメージで理解できるように努めています。

3 本書の位置づけ

大人の教養を目指して

本書は、「大人の教養」となることを目指して執筆されています。単に高校教科書の内容を解説するのではなく、必要に応じて基本的な内容や正確な内容に踏み込んで説明します。微分積分を学ぶことの意義は何でしょうか？

本書の構成

本書は、**微分法**、**積分法**、**微分方程式**について、できるだけ高校の微分積分の教科書の範囲を逸脱しないように気をつけて執筆されています。ただし、「大人の教養」として読まれるという点を鑑みて、復習が必要と思われる場合には基本的な内容に立ち戻ったり、高校教科書的な説明の仕方ではかえって遠回りになってしまいそうな部分については、より正確な内容で説明を試みています。

コラムでは、本文の内容の図解や、関連する数学者について、あるいは応用を見据えた話題を紹介しています。気になった部分については、ぜひ関連書籍を書店でお求めになっていただき、より深い数理の世界に足を踏み入れていただければ筆者として大変嬉しく思います。

本書が想定する読者

本書は、かつて高校数学の微分積分で挫折した方、学校の授業が面白くない現役高校生の方、指導法に悩む高校・予備校教員の方、趣味としてライトな数学書を手に取りたい方など、幅広く想定しています。

説明の仕方は、過度に正確さを犠牲にせず、遠回りもせず、適度な塩梅を目指していますが、読み物の域を出ないようにもしています。本書を読み終えて、より本格的で厳格な数学書を学びたいと思う方は、さらに他の教科書をお買い求めになるとよいと思います。

大人の学び ―瀧本哲哉さん

瀧本哲哉さんは、2022年の著書『**定年後にもう一度大学生になる**』(ダイヤモンド社)において、大人として学ぶ意義について示唆を与えてくださっています。彼は2015年、59歳で京都大学経済学部に入学し、卒業後も同大学院に進学し、研究を続けています。本から引用させていただくと、下記のような一文がありました。

「「二度目の大学生」という生き方は、知的好奇心を存分に満たしてくれるものであり、若者との交わりを通じて、「第二の人生」を心豊かにしてくれるものである」

ちょっと引用しただけでも人柄の良さが伝わってくるようですが、私はまさに「大人の教養」の意義は、この一文で用いられているような意味での「豊かさ」にヒントがあると思っています。この「心豊かさ」(=本書で言うところの、「役に立つ」ということ)は定量化が難しいため、なかなかロジカルに説得することが難しいのですが、彼が感じたような事例をケーススタディ的に見ていくことで、何らかの形での形式知化ができるかもしれませんね。

ちなみに彼は私と同じ年に京都大学に入学し、同じ寮の同じ棟の同じ階に住んでいました。自室での勉強の合間にキッチンでお湯を沸かしながら立ち話をしていても、大変謙虚で勉強熱心な方であることが伝わってきて、日々良い刺激になったことを覚えています。

筆者も瀧本氏も
共に学んだ京都大学。

memo

第2章 微分法

　この章では、微分法について解説します。微分法とは、「関数の導関数を求めたり、それらを利用して関数の性質を調べたりする数学の分野」を指します。微分法は、17世紀後半、ニュートン、ライプニッツによって始められました。ここでは、まず微分法の全体図を示し、数列、関数の極限、関数の連続性などについて解説していきます。

ゴットフリート・ライプニッツ（1646～1716年）

ルネ・デカルト（1596～1650年）

微分法の全体マップ

学び方の道筋

数学の学習は、積み上げが必要であるため、なかなか本題にたどり着きません。微分法の学習も同様で、微分法を学ぶための前置きが必要です。迷子にならないように、まずは微分法を学ぶ上での全体マップを示します。

微分法の学習までの道のり

微分法を学ぶ前に、準備のための多くのステップが必要になります。せっかく微分法を学びに来たのに、目次を見て冒頭で「数列」と書いてあって幻滅してしまった読者も多いかもしれませんが、ここはひとつ、お付き合いいただければ幸いです。

「数列」の項目では、次の**関数の連続性**や**関数の極限**についてイメージを持っていただくための準備体操を行います。「関数の連続性」や「関数の極限」では、やや抽象的な話題を扱うため、より身近な「数列」について扱うことで、敷居を下げることが目的です。

「関数の極限」の項目では、「微分法」を形作る材料を準備します。

「関数の連続性」の項目では、「微分法」と関わりの深い道具を準備します。

微分係数と導関数の項目では、「微分法」を形作ります。

ここで注意していただきたいことは、上記で「道具」とか「材料」といういい方をしたことは、「微分法を説明する」という本章の目的に即したいい回しであって、数学一般における位置づけについて言及したものではないということです。実際には、ある関数の「極限」や「連続性」、「微分」というものはお互いに関係しあっているため、一概にどちらがどちらのための道具であるという性質のものではないのです。この点も、読者のみなさまが微分法を学んだあとで明らかになってくると思います。

次ページに、本書で学ぶことをまとめましたので、ご覧いただければと思います。

本書の流れ

数列	微分を定義する前に、準備体操です。
	⑥数列――法則性のある数字の並び

関数の極限	微分を形作る材料を準備します。
	⑦関数の極限――関数のきわはどうなるか

関数の連続性	微分と関わりの深い道具を準備します。
	⑧関数の連続性――関数が繋がっているか

微分係数と導関数	「微分法」を作っていきます。
	⑨微分係数と導関数――微分の真髄 ⑩関数の積・商の微分法――基本的な公式 ⑪合成関数と逆関数の微分法――応用へのステップ ⑫三角関数の導関数――応用の第一歩 ⑬指数関数と対数関数の導関数――応用の第二歩 ⑭高次導関数――応用の第三歩 ⑮接線と法線――関数のグラフと微分の関係 ⑯平均値の定理――接線の所在 ⑰関数の増加・減少と極大・極小――複雑な関数の特徴を描く ⑱関数のグラフ――関数の凸性の扱い ⑲いろいろな応用――関数の概形から大小関係をつかむ

発展	物理との繋がりなど発展的な内容になります。
	⑳速度・加速度――物理との繋がり ㉑近似式とテイラー展開――いろいろな関数が多項式に直せる

練習問題	学んだことを練習問題で確認してみましょう。

用語のおさらい

微分法　微分積分学の分科で、量の変化に注目して研究を行います。微分法は積分法と並び、微分積分学を二分する歴史的な分野です。

大学数学のカリキュラム

高校レベルの微分積分を学んだあとは、大学一般教養課程の数学を学ぶことになります。授業科目名としては、「線形代数」、「微分積分（解析学）」、「微分方程式」、「ベクトル解析」、「フーリエ解析」、「確率論」のような科目をベースとして、あとは学科ごとに関連が深い数学系科目を履修するイメージです。日本の大学の数理系の学科であれば、どこでも概ね同様のカリキュラムが組まれていると思います。

▼大学で学ぶ数学の課程

確率・統計を専門とする学部生のカリキュラムを大胆に図示するとこのようなイメージになります。

4回生	確率微分方程式			微分幾何
	確率解析	数理統計	機械学習	
3回生	偏微分方程式	関数解析	数理最適化	グラフ理論
	複素解析	フーリエ解析	数値計算	
2回生	ベクトル解析	常微分方程式	数理論理学	
1回生	確率論・統計学	微分・積分（解析学）	線形代数学	集合・位相

社会で役立つ微分法

手の中の微分法

「数学なんて、社会でなんの役にも立たない!」といって数学の勉強をやめてしまう子どもたちは多いように感じます。しかし、実際には数学、中でも微分積分は、世の中の様々な場面で役に立っています。ここでは、微分積分が具体的に社会のどのような場所で役に立っているのか、そのイメージを持っていただくことを目的として、実際の応用事例を簡単にご紹介します。

人工知能と微分法

人工知能の開発の中でも微分法が利用されます。例えば、**機械学習**の中で、**最尤法**（さいゆうほう）と呼ばれる方法においては、収集したデータにあてはめたときのモデル（関数と思っていただいて構いません）の「尤もらしさ」を求めます。そのモデルの持つパラメータを決定する際に、微分法を用いて最も「尤もらしい」パラメータを選択することができます。

電気回路と微分法

電気回路の設計の中でも微分法が利用されます。例えば、**微分回路**とは、その回路による出力結果が、入力の導関数になるように設計した回路のことです。ある関数の**導関数**とは、ある関数を微分した結果として出てくる関数のことです。詳細については、⑨「微分係数と導関数」（p40）をご参照ください。

経済分析と微分法

ミクロ経済学において、個人の消費行動や企業の生産活動を分析する際にも微分法が利用されます。例えば、「ある商品の価格が上がったときに、どのくらい需要が下がるのか」や「ある工場の生産性を最大にするための人や物の割り当てはどのようなものか」といった問題を解く際に、微分法を用います。微分の対象とする関数は、実験やデータ分析によって特定されたもの、あるいは論理的にそれと仮定できるものを用います。

応用先の広がり

20年前の微分法の主要な応用先といえば、自動車の設計や経済政策の立案が真っ先に思いつくかもしれません。現在は、微分法はさらに幅広く応用されるようになっています。統計学や人工知能の技術の飛躍的な進歩により、**データサイエンティスト**の仕事が大きな注目を集めていますが、彼らの道具である統計学や機械学習の理論の中では、ごく基本的な道具として微分法が登場します。

データサイエンティストに必須の数学基礎（微分）
微分法・積分法
線形代数
確率論
統計学
機械学習
数理最適化、計量経済学etc.

統計学って何をしているの？

ビジネスの現場で、統計学が脚光を浴びています。なんだか難しそうでいや～なイメージをお持ちの方が多いように思いますが、実際のところ、統計学ではどんなことが行われているのでしょうか？

統計学では、モデルと呼ばれる関数を用いて、現象の予測や説明を行います。扱う対象やモデルの種類によって様々な領域が存在しますが、大まかにはパラメトリック/ノンパラメトリック、ベイズ的/頻度論的のような分類軸が存在して、世の中に存在する問題を解決するために、その領域を広げてきました。

ところで、実は、（というより、ご想像の通りかもしれませんが）統計学の中では、微分や積分の知識をフル活用します。統計学を扱う際には、パソコンにインストールしたソフトウェアを利用することが一般的であるため、いちユーザーとして直接数学的な操作をすることは少なく、よって、そこまで数学の勉強をしなくても良いという意見もあるかもしれません。しかし、個人的には、より高度で安全な利用のため、数学的な背景をきちんと理解してソフトウェアを利用することをお勧めしています。

大学の教養と浅田彰

「知識とは何か？」という問題を問う時に、令和の時代にあっても色褪せない魅力を放つのは、**浅田彰**の名著『**構造と力**』でしょう。

『構造と力』は、1983年に刊行された、伝説の哲学書として広く知られています。構造主義、ポスト構造主義の思想を一貫したパースペクティヴのもとに明晰に再構成しています。

当時弱冠26歳の著者による著書で、時代の空気をとらえて、空前のベストセラーとなりました。刊行以来、現在まで多くの読者に読まれ、刷を重ねています。ぜひ、死ぬまでに絶対に読んでおきたい名著です。

わずかな紙幅ではありますが、ここでは有名な「構造と力」の序文を要約することを通じて、微分積分が「役に立つ」ということの意味を深堀していきたいと思います。

序文の主題は、不正確さを恐れずに一言で表現するとすれば、「大学の教養とは、官僚や医師、学者として就職するといった実用的な目的のためにあるのか、それとも、純粋に知的好奇心を満たす目的のためにあるのか？」ということです。

浅田は、この二項対立的な構造そのものに疑問を呈します。これは「どっちもどっち」的な安易な考えではなく、「ひとまず近代的・実用的な学問の危うさを引き受けた上で、局所的に批判的な運動を展開し続けよう」というような提案に繋がります。

微分積分を学ぶ意味という主題に引き付けていえば、「先生が教える通りのカリキュラムで、まずは高校レベルから勉強して、それから大学の解析学、線形代数を学んで、それから力学系…」といった学びのスタイルよりは、興味の赴くままにいろいろな書籍を手に取ってみて、気楽につまみ食いしてみようということです。

浅田は「『資本論』なんて、どう見ても寝転がって読むようにできているのだ」といいましたが、まさに数学の勉強もそのような気楽な態度で臨んだ方が楽しいのではないかと思います。

数列

法則性のある数字の並び

関数一般に対する極限や微分を学ぶ前に、数列について学んでおきましょう。極限を考える際に導入的にイメージをつけるだけでなく、和分や差分を考えることで微分・積分の理解に役立ちます。

数列とは何か？

Sを、自然数全体または自然数全体の集合の部分集合とします。Sの元を文字nで、これに対応する実数値を文字a_nで表すとき、a_nはnの数列であるといいます。

自然数1,2,3,4...も数列ですし、奇数の列1,3,5...も数列です。

数列の和分と差分

数列の和分S_nと差分D_nは、読んで字のごとく下記のように記述されます。

$$S_n = a_n + a_{n-1}$$
$$D_n = a_n - a_{n-1}$$

数列の収束・発散

数列a_nにおいて、nを限りなく大きくするとき、a_nの値がある定数αに限りなく近づくならば、a_nはαに**収束する**といいます。このときのαを、a_nの**極限値**といいます。このことを、Sの元を文字nで、

$$a_n \to \alpha \ (n \to \infty) \quad \text{または、} \lim_{n\to\infty} a_n = \alpha$$

と表します。また、収束しない場合のことを、**発散する**といいます。

数列が発散する場合

数列が発散する場合には、大きくは、下記の2つの場合が考えられます。

まず、無限大・無限小に発散する場合です。この時、数列は限りなく大きくなったり、限りなく小さくなったりします。

次に、振動する場合です。例えば、a_nはnが奇数の時に1、偶数の時に2をとる数列としましょう。この数列a_nは、nを限りなく大きくするとき、特定の極限値をもたないため、発散します。

級数

数列の和の極限のことを、**級数**といいます。数式で書くと、下記のようなものが級数です。

$$\sum_{n=0}^{\infty} a_n$$

特に、いくつか有名な級数があります。大学受験の数学でもよく出てくるのが、**調和級数**です。名前と形だけ覚えておくと、いつか数学の勉強をするときにびっくりせずに済むかもしれません。

$$\sum_{n=0}^{\infty} \frac{1}{n}$$

用語のおさらい

自然数　正の整数を意味する言葉で、0は含みません。

関数の極限

関数のきわはどうなるか

この節では関数の極限を解説します。厳密な数学的定義や計算の反復練習はせずに、概要を理解していただけるように、イメージをお伝えします。わかりにくい場合には、「これがポイント」をご参照ください。

関数とは何か

例えば、タクシーは、定められた走行距離に対して価格が定められており、初乗運賃と合わせて最終的な支払金額が決定されます。このとき、支払金額はタクシーの走行距離に対する関数と考えることができます。

一般的に、実数の集合Dの各元に実数を対応させる1つの規則が定まっているとき、この対応を、Dを定義域とする1つの関数といいます。Dの元を文字x（**独立変数**）で、これに対応する値を文字y（**従属変数**）で表すとき、xはyの関数であるといい、このことを$y=f(x)$などと表します。

数列の場合は自然数（1や2や3のような数）に対応する値を返していましたが、関数の場合は実数（1.1や3.14159…のような数）に対応する値を返すという意味で、より一般化された概念になります。

関数の極限

みなさまは、小学校に通っていたころ、50m走のタイムはどのくらいだったでしょうか？　ここで、もし8秒くらいだったと仮定すると、1秒あたりの平均の速さは、秒速何mだといえるでしょう？　計算は簡単で、50÷8=6.25（m/秒）となります。では、40m地点でのタイムが7秒だったと仮定すると、1秒当たりの平均の速さは、秒速何mだといえるでしょう？　このときも、40÷7=5.71428571429（m/秒）のように計算できます。では、スタート地点での瞬間的な速さは、秒速何mだといえるでしょう？

実は、この時に、「スタート地点での」速さを考えるということが、極限の1つの例になります。実際、50m走で走った距離は、速度と時間の関数で表されますが、時間をどんどん短く区切っていくことで、各地点での瞬間的な速さを考えることができます。例えば、距離yが速度aと時間tの関数$y=at$で表されているとき、どの地点で切り取っても、その走者の瞬間的な速さはaとなります。一方、スタートダッシュは遅くて、スタートダッシュ直後から速度が上がる走者の場合、スタートアップ時点での関数の形は、正の実数a_0を用いて、$y=(a-a_0)t$のように表されているかもしれません。このとき、スタートアップ時点での瞬間的な速さは$(a-a_0)$であるということができます。

このことを、一般的な言い方にしてみましょう。距離の関数を取り上げたように、一般的な関数$y=f(x)$を考えます。距離がyで時間がxになったイメージですね。ただし、関数$y=f(x)$は$x=x_0$の近くで定義されているとします。ただし、$x=x_0$では定義されていなくても構いません。xがx_0をとらずにx_0に限りなく近づくとき、$f(x)$の値が近づき方に依存しない一定の数Aに限りなく近づくならば、$f(x)$は$x \to x_0$のとき**収束**して**極限値**Aを持つといい、このことを、

$$f(x) \to A \ (x \to x_0)$$

または、

$$\lim_{x \to x_0} f(x) = A$$

と表します。収束しない場合のことを、**発散する**といいます。

●片側極限

xをx_0に近づけるとき、近づき方に制限をつけた極限を考えることがあります。例えば、$x>x_0$のもとでxをx_0に近づけるとき、これを$x \to x_0+0$と表し、この時の関数$f(x)$の極限値がAであることを、

$$\lim_{x \to x_0+0} f(x) = A$$

のように表します。これを、正確には**右極限**といいます。

用語のおさらい

集合　「数の集まり」だと考えてください。

反対に、$x<x_0$のもとでxをx_0に近づけるとき、これを$x\to x_0-0$と表し、この時の関数$f(x)$の極限値がAであることを、

$$\lim_{x\to x_0-0} f(x) = A$$

のように表します。これを、正確には**左極限**といいます。

●関数の極限に関するコーシーの判定条件（大学レベル）

$x\to x_0$のとき、$f(x)$が収束するための条件は、任意の正の実数ϵ（イプシロン）に対して、ある正の実数δ（デルタ）をとると、下記が成り立つことです。

$$|f(x)-f(x')|<\epsilon\,(0<|x-x_0|<\delta, 0<|x'-x_0|<\delta)$$

そろそろ難しくなってきたと思うので、このあと、「これがポイント」でも図解していきましょう。

関数の極限が発散する場合

「関数の極限が発散する」とは、どのようなことでしょうか。具体例で考えていきましょう。例えば、左の図のようにxの値が増加するにしたがってyの値も増加するような単調増加関数$y=f(x)$を考えましょう。

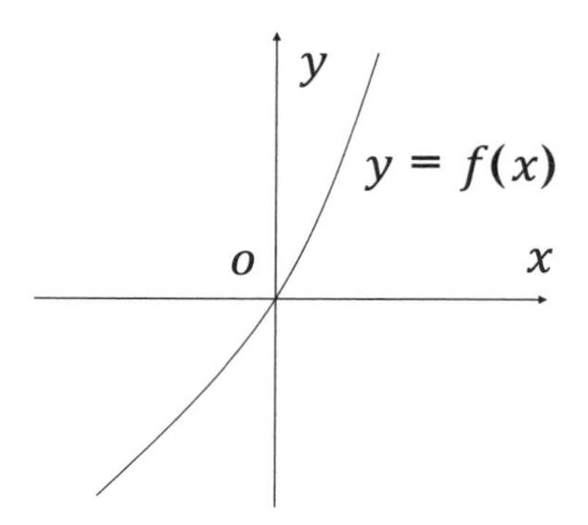

この時、下記のような$x\to\pm\infty$の極限は収束せず、ともに発散します。

$$\lim_{x\to+\infty} f(x) = \infty$$

$$\lim_{x\to-\infty} f(x) = -\infty$$

グラフからも想起されるように、xの値が増加するにしたがってyの値も際限なく増加していきますから、yの値は特定の値にたどり着きません。つまり、定義から、この関数の$x \to \pm\infty$の極限は収束せず、ともに発散するということになります。

このように、関数の極限を考えるときは、必ずその関数のグラフをイメージするようにしてください。余力があれば、読者のみなさまが思いつく関数について、$x \to \pm\infty$の極限を考えてみてください。

関数列におけるコーシーの判定条件の意味

まず、収束するか調べたい関数fとその場所$x \to x_0$を決めます。次に、例えば、とても小さい任意の実数ϵを想像してください。そのϵに収まるように、x_0までの距離がδ以内の入力により$|f(x)-f(x')|$を作れるならば、その関数は$x \to x_0$で収束します。

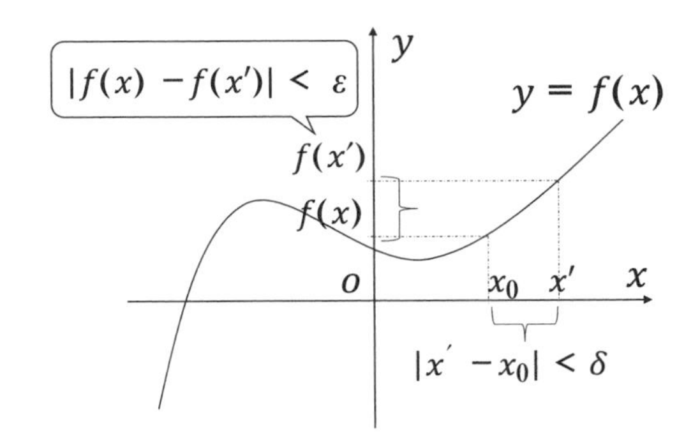

『微分積分概要論』

『微分積分概要論』は、コーシーが、エコール・ポリテクニークにて行なった微分積分学の講義を要約出版したもので、彼の一大名著です。1829年にフランスで出版されました。日本では、小堀憲訳で、共立出版〈現代数学の系譜〉シリーズとして、1969年 に出版されています。数学史に興味があれば、ぜひ読んでおきたい名著となっています。

なぜ極限などというものを考えるのか？

極限などというものを考える利点は何でしょうか？
下記のようなグラフを考えましょう。

$$y = \frac{1}{x} \ (x > 0)$$

このようなグラフがどのような値をとるのか、エクセルでも簡単にシミュレーションすることができます。

シミュレーション結果は、下の図のようなグラフになります。このグラフは、$x = 0$を定義域に含んでいませんが、極限の考え方を使うと、$x \to 0$を考えることができます。実際の計算結果をみると、どんどんyの値が大きくなっていくことがわかります。このような場合を考えることができるようになることが、極限を考えるメリットになります。

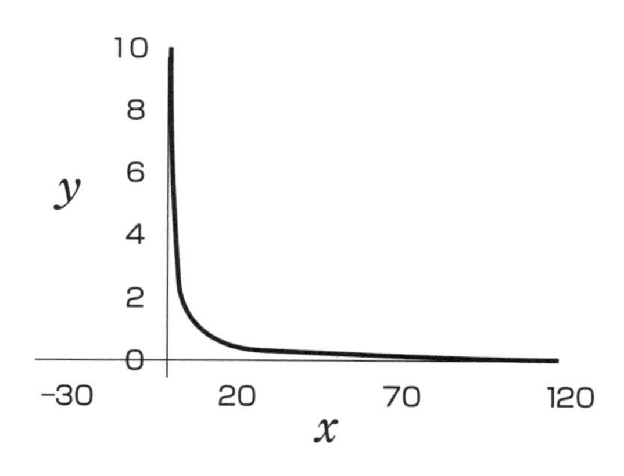

関数の連続性

関数が繋がっているか

関数が連続であるとは、どういう意味でしょうか？　直感的には、関数の連続性は「関数のグラフが繋がっているかどうか」という議論だと思っていただいてよいと思います。まずは連続性の定義についてイメージで説明し、連続性にまつわる重要な定理についてお話しし、図解で具体例をご覧いただきます。

関数の関連性

関数$f(x)$は$x=x_0$の近くで定義されているとします。このとき、

$$\lim_{x \to x_0} f(x) = f(x_0)$$

であるならば、関数$f(x)$は$x=x_0$で**連続**であるといいます。「関数$f(x)$は$x \to x_0$での極限が存在し、その値が$f(x_0)$に一致する」というイメージですね。言い換えると、任意の正の実数ϵ（イプシロン）に対して、ある正の実数δ（デルタ）をとると、下記が成り立つときに、関数$f(x)$は$x=x_0$で連続であるといいます。

$$|f(x) - f(x_0)| < \epsilon \ (|x - x_0| < \delta)$$

後者の定義の仕方は、「関数の極限」で扱った、「関数列の極限に関するコーシーの判定条件」でも出てきましたね。数学を学ぶ上で頻繁に出てくる言い回しなので、ここで立ち止まって確認しましょう。

まず、連続性を調べたい関数$f(x)$とその中の点x_0を想像してください。次に、とても小さい正の実数ϵを想像してみてください。このϵは、0.00001でも、0.000000989でも、なんでも構いません。このとき｜$f(x)-f(x_0)$｜<ϵをみたすように、x_0からの距離がδよりも小さいxを見つけることができれば、この関数$f(x)$は$x=x_0$で連続です。このように、「任意の正の実数ϵに対して、ある正の実数δをとると～」という言い回しを見て混乱してしまったときは、「任意にϵを決めた後に、あるδを決める」というように読み替えて考えてみてください。

以上、連続性について、少し難しい話をしました。今後の連続性に関する議論は、直感的には、「関数のグラフが繋がっているかどうか」についての議論だと思っていただければ問題ないと思います。どのような場合に関数が連続ではないかについては、「これがポイント」の項目で図解します。

中間値の定理

関数$f(x)$は、$I=[a,b]$で連続であるとします。このとき、$f(a) \neq f(b)$ならば、$f(x)$は(a,b)で$f(a)$と$f(b)$の間のすべての値をとります。このことは、**中間値の定理**と呼ばれます。言い換えると、中間値の定理は、ある範囲での関数のグラフについて、その中間の値が必ず存在することをいっています。例えば、ある日の朝から夕方までの間、温度が徐々に上がっていくとします。朝の気温が15度で夕方には25度に上がるとします。この場合、朝から夕方にかけての間には、どこかで気温が20度になる瞬間が必ず存在します。なぜなら、朝は涼しくて夕方は暖かくなるので、その間のどこかで温度が20度になるはずだからです。このように、中間値の定理は、関数のグラフの中で、ある範囲で値が変化している場合、その範囲の中間には必ず値が存在するということを表現しています。

中間値の定理の内容は、直感的には、グラフを描いてみれば自明に感じると思います。証明は省きますが、ご自身でグラフを描いてみて納得してください。

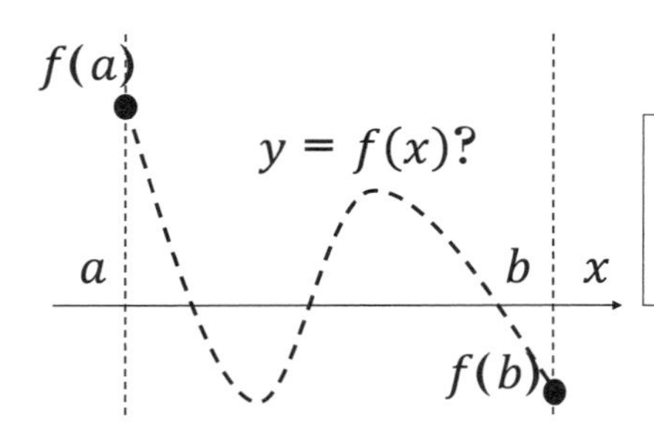

どんな関数かはわからなくても
$f(a)$と$f(b)$の間の値は
存在することがわかる

最大値・最小値の定理

閉区間で連続な関数$f(x)$は、その区間で最大値、最小値をとります。このことは、**最大値・最小値の定理**と呼ばれます。

最大値の定理は、ある範囲での関数のグラフにおいて、最も大きな値が存在することをいっています。例えば、全国の公園の遊具には、子どもたちが乗れる滑り台がありますね。滑り台の長さはさまざまで、最も長い滑り台が10メートル、最も短い滑り台が1メートルだとします。この場合、(当たり前ですが) 全国の公園内の滑り台の中で最も長いものが存在します。

最小値の定理も同様ですが、ある範囲での関数のグラフにおいて、最も小さな値が存在することを示します。例えば、全国の果物店でリンゴの値段を考えてみましょう。リンゴの値段は1個あたり10円から始まり、1個あたり1,000円まで上がるとします。この場合、(これも当たり前ですが) 全国の果物店でのリンゴの値段の中で最も安いものが存在します。

このように、最大値・最小値の定理は、関数のグラフの中で最も大きな値や最も小さな値が存在することを示しています。

中間値の定理と同様に、最大値・最小値の定理は、直感的には、グラフを描いてみれば自明に感じると思います。ここも証明は省きますが、ご自身でグラフを描いてみて納得して先へ進んでください。

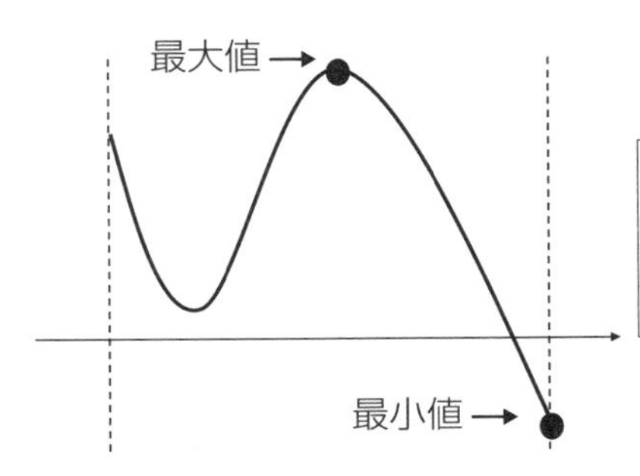

どんな関数かはわからなくても
$f(a)$と$f(b)$の間に
最大値・最小値があることがわかる

右連続、左連続

関数$f(x)$は$x \to x_0+0$での極限が存在し、その値が$f(x_0)$に一致するとき、関数$f(x)$は**右連続**であるといいます。反対に、関数$f(x)$は$x \to x_0-0$での極限が存在し、その値が$f(x_0)$に一致するとき、関数$f(x)$は**左連続**であるといいます。右連続であり、かつ左連続な関数$f(x)$は、連続です。

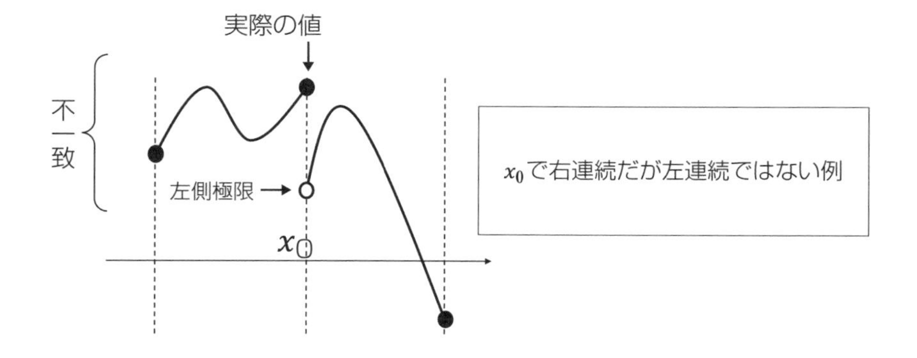

連続ではない関数

連続ではない関数とはどのような関数か、例を示しながら確認していきましょう。まずは、連続性の定義のイメージを、もう一度振り返ってみましょう。連続性とは、「関数のグラフが繋がっていること」であるとお話ししました。

では、下記のような関数の連続性はどうでしょうか？

$$f(x) = \begin{cases} 0 \ (x < 0) \\ 0 \ (x = 0) \\ 1 \ (x > 0) \end{cases}$$

この関数のグラフを描くと、上の図のようになります。グラフをご覧いただければ明らかなように、この関数は$x=0$で「繋がって」いません。つまり、この関数$f(x)$は連続ではありません。

　このことを、もう少し詳しく考えてみましょう。ある関数$f(x)$は$x=x_0$で連続であるとは、その$x \to x_0$で$f(x)$の極限が存在することでした。すなわち、$x \to x_0$で$f(x)$の極限を確かめればよいことになります。ここでいうx_0とは$x=0$のことです。先ほどのグラフから直感的にも明らかなように、この右側極限と左側極限は次のようになります。

$$\lim_{x \to 0 \pm 0} f(x) = \begin{cases} 0\ (x \to 0 - 0) \\ 0\ (x = 0) \\ 1\ (x \to 0 + 0) \end{cases}$$

　ここでは、関数$f(x)$の$x \to 0 \pm 0$での右側極限、左側極限、そして$x=0$での値が一致していません。このようなとき、関数$f(x)$の$x \to 0$での極限は定められません。したがって、関数$f(x)$は連続ではないということになります。または、左連続だが右連続ではないため、関数$f(x)$は連続ではないとも考えられます。

より強い意味での連続性

　この節では、最も基本的な意味での連続性の概念についてご紹介しました。大学レベルの数学になると、より強い（狭い）意味での連続性について扱う場面が出てきます。詳細については、微分や微分方程式を学ぶ段階で学ぶことになります。用語だけご紹介すると、**一様連続性**、**リプシッツ連続性**が頻繁に登場します。これらは機械学習の理論とも関連があります。

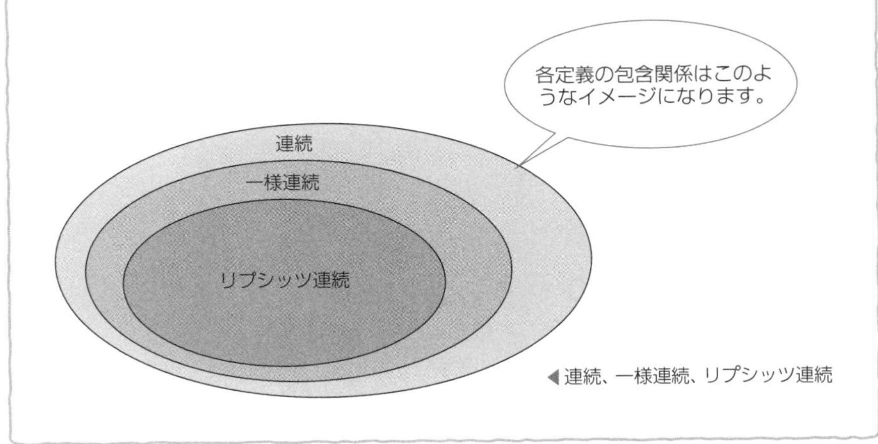

◀連続、一様連続、リプシッツ連続

微分係数と導関数

微分の真髄

ついに、微分とは何かについて学んでいきます。微分とは、関数の導関数を求めることで、直感的には、「関数のグラフのその場所での傾きを調べる」ということに相当します。微分を学ぶことによって、数学への入門へ向けた大きなハードルをひとつ越えたことになります。

微分係数と導関数

関数の極限のところで、50m走での極限の例を説明しました。実は、あの例でいうところの「瞬間的な速さ」がそのまま「走った距離の、走った時間に対する微分」として考えられます。

どのような例だったか、おさらいしましょう。もし、50m走のタイムが8秒だったと仮定すると、1秒あたりの平均の速さは、50÷8=6.25（m/秒）となります。このとき、40m地点でのタイムが7秒だったと仮定すると、1秒当たりの平均の速さは、40÷7=5.71428571429（m/秒）のように計算できます。では、スタート地点での瞬間的な速さは、秒速何mだといえるでしょう？　というのが、問いかけでした。この時の、「スタート地点での」速さを考えるということが、極限の意味でしたね。例えば、距離yが速度aと時間tの関数$y=at$で表されているとき、どの地点で切り取っても、その走者の瞬間的な速さはaとなります。このとき、このaの値こそが、距離yの時間tに対する微分となります。

一般的に考えてみましょう。距離の関数を取り上げたように、一般的な関数$y=f(x)$を考えます。距離がyで、時間がxになったと考えてください。ただし、関数$y=f(x)$は$x=x_0$の近くで定義されているとします。

用語のおさらい

関数の極限　ある関数に対して、その変数をある値に限りなく近づける操作、および極限操作によって定まる関数の値です。

閉区間　両端を含む区間。すなわち、不等式a≦x≦bを満足させる実数xの集合。記号［a,b］で表します。

　このとき有限な極限値

$$\lim_{x \to x_0} \frac{f(x) - f(x_0)}{x - x_0} = \lim_{h \to 0} \frac{f(x_0 - h) - f(x_0)}{h}$$

が存在するならば、$f(x)$は$x=x_0$で**微分可能**であるといい、この極限値を、$f(x)$は$x=x_0$における**微分係数**と呼びます。また、微分係数は、$f'(x)$のように書きます。これは、$x=x_0$におけるxの増分$x-x_0$をΔx、それに対応するyの増分$f(x)$をΔyと書くとき、$x \to x_0$とするときの増分の比の極限を表しています。

　微分係数は、直感的には、「関数のグラフの傾き」を表現していると覚えておいてください。詳細については、「これがポイント」で図解しましょう。

微分可能性と連続性

　増分のとり方を制限して、

$$\lim_{h \to +0} \frac{f(x_0 - h) - f(x_0)}{h}$$

　または

$$\lim_{h \to -0} \frac{f(x_0 - h) - f(x_0)}{h}$$

が存在するとき、$f(x)$はx_0で**右微分可能**または**左微分可能**であるといい、この極限値を**右微分係数**、**左微分係数**と呼びます。つまり、微分可能であるとは、左右の微分係数がともに存在して、それらが一致するときのことですね。

　ここで、重要な事実があります。それは、「関数$f(x)$はx_0で微分可能ならば、x_0で連続である」ということです。証明は省略しますが、直感的に説明してみましょう。

「関数$f(x)$は$x=x_0$で微分可能ならば、$x=x_0$で連続である」とは、「関数$f(x)$は$x=x_0$で連続でないならば、関数$f(x)$は$x=x_0$で微分可能ではない」ことと同値になります。ここで、「関数$f(x)$は$x=x_0$で連続でない」ことの意味を思い出しましょう。「関数$f(x)$は$x=x_0$で連続でない」とは、直感的なイメージでは、「関数のグラフが繋がっていない」ということでした。ところが、微分とは、「関数のグラフの傾き」のことでしたから、連続でない場所での微分を行う場合、「関数が繋がっていない場所の傾き」というおかしなものを考えなければいけないことになります。このことから、「関数$f(x)$は$x=x_0$で連続でないならば、関数$f(x)$は$x=x_0$で微分可能ではない」ということがなんとなくイメージされると思います。

導関数

ある関数$f(x)$がxの特定の区間（例えば、1000から2000の間など）で微分可能であるとき、この区間での微分係数はxの関数として表すことができます。この関数$f'(x)$を、$f(x)$の**導関数**といいます。$y=f(x)$の導関数を、下記のようにも表現します。大きくは4通りありますが、いずれも同じ意味です。

$$\frac{df(x)}{dx}, \frac{d}{dx}f(x), y', \frac{dy}{dx}$$

関数$f(x)$の導関数を求めることを、関数$f(x)$を**微分する**と呼びます。

基本的な計算方法

実務上は、ある関数を微分するとき、定義通りに関数の極限を求めることは多くなく、代表的な関数の導関数を公式的に覚えておいて、組み合わせて計算を行います。特に読者のみなさまにおかれましては、（忌まわしい学校のペーパーテストもないでしょうし！）今の段階で丸暗記する必要はないのですが、「そういうものが存在するのだ」と覚えておいていただけると後の学習がスムーズだと思います。ひとつだけ、代表的な関数の例として、$f(x)=x^n$（ただし、nは自然数）の導関数をご紹介します。

$f(x)=x^n$の導関数は、次のようになります。

用語のおさらい

連続　関数が繋がっていることだと思ってください。

$$\frac{df(x)}{dx} = nx^{n-1}$$

このように、xの肩の上に乗っているnが下りてきて係数としてnが乗算され、xの肩の上は1が減算されます。定義通りに計算すれば確かめることが可能ですので、余力があれば確かめてみましょう。

微分係数の図解

ある関数$y=f(x)$のグラフと、それに対する$x=a$での微分係数$f'(a)$のイメージを図に表しました。図から読み取れるように、この関数$y=f(x)$のグラフの傾きは0になります。

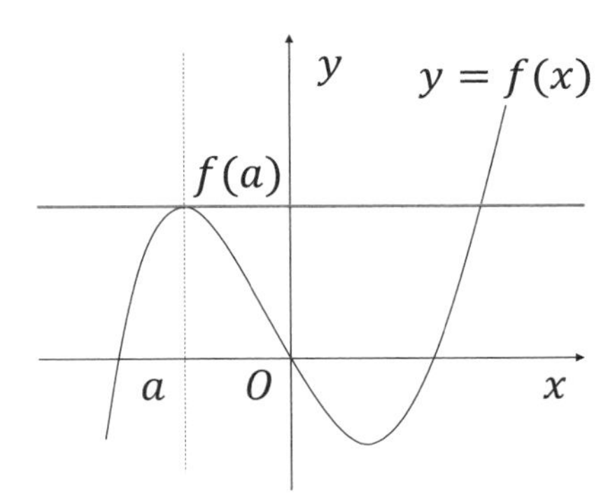

言い換えれば、この関数$y=f(x)$のグラフの微分係数$f'(a)$は0になります。

ちなみに、この直線の方程式は簡単に求めることができます。

この図で、$y=f(x)$のグラフに対する$x=a$でのグラフの傾きを表す色の直線は、係数が$f'(a)$であり、点$(a,f(a))$を通ることがわかっています。このことから、この直線は下記のように書けます。

$$y=f'(a)(x-a)+f(a)$$

今回の場合は、(グラフからも明らかですが) $f'(a)=0$であるため、色の直線の方程式は、下記のようになります。

$$y=f(a)$$

数学で出てくる数式はどうやって音読するの？

数学に関係する説明をしていると、「数式の読み方がわからないので、音読してください」という注文を受けることがあります。

数学教育法のプロの方々の間では、数式の「音読」の効果についても議論があるようですが、私のようないち数学ユーザーの感覚としては、数式の「正しい」音読が何かということはあまり重要な問題ではないのではないかと感じています。

実際、大学や企業で数学の話をするときに、外国語の文法を学習するときのように逐一正しい発音を口頭で確認していくことはまずありません。口頭で発表するときに、どのように数式の部分の意思疎通をしているかといえば、数式の逐語的な「音読」ではなく、その数式の意味について語っていることが多いと感じます。例えば、

$$\frac{dy}{dx}$$

のことを、「ディーワイディーエックス」と読み上げるのではなく、「yをxで微分したもの」と説明するようなイメージです。そもそも、簡単な数式であれば逐語的な音読も可能かもしれませんが、複雑な数式になるにつれて、音読が困難になっていきます。このように、数学の学習の中で「音読」が入る余地はあまりないのではないでしょうか。

映画「グッド・ウィル・ハンティング／旅立ち」

1997年公開のアメリカ映画。監督はガス・ヴァン・サント。天才的な頭脳を持ちながらも幼い頃に負ったトラウマから逃れられない青年と、最愛の妻に先立たれた失意の心理学者との心の交流を描いたドラマです。

アカデミー賞脚本賞を受賞したマット・デイモン、ベン・アフレックによる名作です。映画の中に登場する数式はすべて本物の数式で、映像から復元して解説する人もいたり、数学好きの間で話題となりました。数学監修としてトロント大学のPatrick O'Donnell教授の名があります。数学好きにはたまらない映画ですね。

10 関数の積・商の微分法

基本的な公式

これからいろいろな関数を微分する方法を学んでいきます。まずは四則公式と呼ばれる、微分に関する代表的な公式を覚えましょう。証明とともに記憶しておくと、忘れてもすぐにご自身の手元で再現できるため、おすすめです。

導関数の性質

導関数には、**四則公式**と呼ばれる性質が存在します。要約すれば、ある関数の導関数が存在する場合、それらの和や差、定数倍、積、商も微分可能で、導関数を計算することができるということです。四則公式は、数式で記述すると下記の通りです。

$$(f(x) \pm g(x))' = f'(x) \pm g'(x)$$

$$(kf(x))' = kf'(x)$$

$$(f(x)g(x))' = f'(x)g(x) + f(x)g'(x)$$

$$\left(\frac{f(x)}{g(x)}\right)' = \frac{f'(x)g(x) - f(x)g'(x)}{(g(x))^2}$$

最初の2つの公式（和、差、定数倍）については直感的なイメージとして納得しやすいかもしれませんが、積と商のところでギョッとしてしまうかもしれません。まずは「そういうもの」として納得したことにしていただいて、使っていく中で体感として納得しいただくのが良いかもしれません。ここでは、念のため積と商について証明を行っておきます。

積の微分法の証明

定義に従って計算してみましょう。結論だけ見ると複雑な印象を受けるかもしれませんが、計算自体はそれほど難しくありません。ゴールの式はわかっているので、$f(x)$の導関数の部分と、$g(x)$の導関数の部分を無理やり作り出せばよいことがわかります。早速計算してみましょう。

$$
\begin{aligned}
(f(x)g(x))' &= \lim_{h\to 0}\frac{f(x+h)g(x+h)-f(x)g(x)}{h}\\
&= \lim_{h\to 0}\frac{f(x+h)g(x+h)-f(x)g(x+h)+f(x)g(x+h)-f(x)g(x)}{h}\\
&= \lim_{h\to 0}\frac{\{f(x+h)-f(x)\}g(x+h)+f(x)\{g(x+h)-g(x)\}}{h}\\
&= \lim_{h\to 0}\frac{\{f(x+h)-f(x)\}g(x+h)}{h}+\lim_{h\to 0}\frac{f(x)\{g(x+h)-g(x)\}}{h}\\
&= f'(x)g(x)+f(x)g'(x)
\end{aligned}
$$

以上により、関数の積の形の関数の導関数を簡単に計算する方法がわかりました。

絶対時間論と相対時間論

微積分を発明したニュートンとライプニッツの世界観の対比として、**絶対時間論**と**相対時間論**がしばしば持ち出されます。ニュートンは、物体は絶対的時間という固定的な舞台背景の上で運動しているのだと考えていましたが、ライプニッツは、物体の運動を物体同士での相対時間の中での関係性として考えました。ニュートンとライプニッツは、数学史上での業績という観点では似た者同士ですが、世界観の観点では異なる立場だったようです。

商の微分法の証明

まず、下記が成り立つことを示します。定義に従って計算していきます。こちらもゴールの式をお伝えしてあるので、証明という意味では逆算的に考えることによって簡単に示せます。

$$\left(\frac{1}{g(x)}\right)' = \frac{-g'(x)}{(g(x))^2}$$

$$\left(\frac{1}{g(x)}\right)' = \lim_{h \to 0}\frac{1}{h}\left(\frac{1}{g(x+h)} - \frac{1}{g(x)}\right)$$

$$= \lim_{h \to 0}\frac{1}{h}\left(\frac{g(x) - g(x+h)}{g(x+h)g(x)}\right)$$

$$= \lim_{h \to 0}\left(\frac{g(x) - g(x+h)}{h}\frac{1}{g(x+h)g(x)}\right)$$

$$= -g'(x)\frac{1}{g(x)g(x)}$$

$$= \frac{-g'(x)}{(g(x))^2}$$

以上により、関数の逆数の微分までを示すことができました。商の微分については、この結果と、関数$f(x)$との積の微分を利用することによって示すことができます。ここも計算するだけなので、一流の数学書風に「読者への宿題とする」などと言ってみたいものですが、念のため、ご一緒させてください。

用語のおさらい

導関数　ある関数を微分して得られる関数のこと。

偏微分方程式　未知関数の偏導関数を含む微分方程式のこと。

$$\left(\frac{f(x)}{g(x)}\right)' = \left(f(x)\frac{1}{g(x)}\right)'$$

$$= \frac{f'(x)}{g(x)} + f(x)\left(\frac{1}{g(x)}\right)'$$

$$= \frac{f'(x)}{g(x)} + f(x)\frac{-g'(x)}{(g(x))^2}$$

$$= \frac{f'(x)g(x) - f(x)g'(x)}{(g(x))^2}$$

以上により、商の微分についても示すことができました。これらの微分については、出会う都度その場で導出するのではなく、予め暗記しておいてすぐに使えるようにしておくことをお勧めします。

ちょっとウンチク

公式って暗記しないとダメ？

公式と聞くと、「こんなの覚えないといけないのか！」と面くらってしまうかもしれません。実際、公式は覚えないといけない場面も多いですし、この章でも、覚えるべきことが多かったですね。しかし、特に高校数学で「公式」として扱われているもののうち、実際に暗記しなければいけないものは実はそれほど多くありません。多くの公式は、その公式の概略と証明の方法さえ記憶していれば、詳細を一字一句暗記しなくても、その場で再発明したり、導出したりできます。

数学偉人伝

関孝和（生年不詳～1708年）

関孝和は、江戸時代の数学者です。甲府藩主徳川家に勘定を専門とする役人として仕えました。

関は多くの業績を残しましたが、後世に大きな影響を及ぼしたのは、独自の記号法の開発と、それらを用いて数式を表現し、当時日本で知られていた代数学（方程式の上手な解き方に関する数学の分野）を格段に飛躍させたことが挙げられます。

関による新しいタイプの数学の出現によって、当時の日本の数学家は多大な恩恵を受けました。数式表現が非常にシンプルになったこと、問題解法の見通しが立てやすくなったこと、各種の新しい公式が開発されたことなどです。

18世紀後半には、関の名前は日本の数学家たちに普及していきます。関の系列に連なる数学家たちが自らの集団を「関流」と自称するようになります。

日本流の方程式の解き方は、「和算」として小学校や中学校の授業で習ったことがある方も多いかもしれません。特に「鶴亀算」の中で表を書いて鶴と亀の数を考える方法は、中学校で習う西洋式の連立方程式の解き方に対応しています。

関孝和の著書『括要算法』には、円周率計算などが記されています。

◀関孝和
財団法人高樹会所蔵・射水市新湊博物館保管

上越市 公文書センター

新潟県上越市の公文書センターには、数学にまつわる貴重な資料が多数所蔵されています。1815年に刊行された「算法點竄指南録」は、坂部広胖が初学者に点竄術を教授する目的で書いた数学全般についての教科書で、和算史上の名著といわれています。

「頭書算法闕疑抄」は、奥州二本松藩士の磯村吉徳が「算法闕疑抄」を刊行し、それまでの和算書の集大成と評価されています。「改算塵劫記」(1773年)は、当時の大ベストセラー、吉田光由の「塵劫記」の類書、「改算記大成」(1696年)はベストセラーであった山田正重の「改算記」の類書として知られています。

ぜひ足を運んでみてはいかがでしょうか。

▲公文書センターのある清里区総合事務所の外観

写真提供：上越市 公文書センター

アクセス：
〒943-0595
新潟県上越市清里区荒牧18番地　清里区総合事務所内
Tel：025-528-3110
Fax：025-528-3188
HP：http://www.city.joetsu.niigata.jp/soshiki/koubunsho/

11 合成関数と逆関数の微分法

応用へのステップ

合成関数や逆関数の微分法を知っておくと、計算できる関数の幅がぐっと広がります。合成関数や逆関数の定義と、それらを微分する方法を学びます。

合成関数とは

2つの関数$f(x)$と$g(y)$に対して、$g(f(x))$のことを、$f(x)$と$g(y)$の**合成関数**といいます。例えば$y=f(x)=x^2$、$z=g(y)=2y^3$という関数があったとしましょう。$z=2x^6$は、$f(x)$と$g(y)$の合成関数です。

合成関数の微分

$y=f(x)$が$x=x_0$で微分可能で$z=g(y)$が$y_0=f(x_0)$で微分可能ならば、合成関数$z=g(f(x))$は、$x=x_0$で微分可能となり、微分係数は下記のように与えられます。

$$(g(f(x_0)))' = g'(f(x_0))\,f'(x_0)$$

あるいは、下記のような別の書き方もよく見られます。

$$\frac{dz}{dx} = \frac{dz}{dy} \cdot \frac{dy}{dx}$$

合成関数の微分の計算方法のことを、**連鎖律**、あるいは、英語で**チェーンルール**と呼びます。まずは、具体例を考えてみましょう。先ほどの、$y=f(x)=x^2$、$z=g(y)=2y^3$という関数を考えます。この合成関数$g(f(x))$の微分を考えるためには、$g'(f(x))$と$f'(x)$を計算すれば良いということになります。言い換えると、$z=g(y)$の導関数$g'(y)$に$y=f(x)$を代入し、$f(x)$の導関数$f'(x)$を掛け算すれば良いということです。それぞれ計算してみると、次のようになります。

$$g'(f(x)) = 6(x^2)^2$$
$$= 6x^4$$
$$f'(x) = 2x$$
$$g(f(x)) = 6x^4 \times 2x = 12x^5$$

なぜ、このようなことが成り立つのでしょうか？　確認していきましょう。

定義に従って計算します。目標とする式がわかっていますから、定義から目標の式を目指して変形していけば、説明がしやすいですね。

$$(g(f(x)))' = \lim_{h \to 0} \frac{g(f(x+h)) - g(f(x))}{h}$$

$$= \lim_{h \to 0} \left\{ \frac{g(f(x+h)) - g(f(x))}{g(x+h) - g(x)} \times \frac{g(x+h) - g(x)}{h} \right\}$$

$\boldsymbol{g(x+h) - g(x)}$は$\boldsymbol{h \to 0}$のとき$\boldsymbol{g(x+h) - g(x) \to 0}$とできますから、左側は$\boldsymbol{g(f(x))}$の導関数そのものになります。右側も、$\boldsymbol{g(x)}$の導関数になっていることがわかりますね。

以上から、合成関数の微分について、証明することができました。

逆関数とは

関数$\boldsymbol{y=f(x)}$を$\boldsymbol{x}$について解いて、$\boldsymbol{x=g(y)}$と変形したときに、$\boldsymbol{g(y)}$は$\boldsymbol{f(x)}$の**逆関数**であるといいます。関数$\boldsymbol{y=f(x)}$の逆関数を、$\boldsymbol{x=f^{-1}(y)}$と書きます。

例えば、関数$\boldsymbol{y=3x}$の逆関数は、$\boldsymbol{x=\frac{1}{3}y}$です。

逆関数の微分

関数$y=f(x)$に対して、その逆関数$x=f^{-1}(y)$の導関数は、下記のように計算できます。

$$\left(f^{-1}(y)\right)' = \frac{1}{f'(x)}$$

このことは、下記のようにも表されます。

$$\frac{dx}{dy} = \frac{1}{\frac{dy}{dx}}$$

まずは、具体的に計算して確かめてみましょう。関数$y=3x$の逆関数は、$x=\frac{1}{3}y$でした。逆関数を微分すると、$\frac{1}{3}$になりますね。一方、もとの関数の微分は3ですから、確かに上記の関係が成り立っています。当り前じゃないか！　と思われるかもしれませんが、この関係は、もう少し複雑な関数の逆関数を微分するときに、威力を発揮します。後の章でもう少し複雑な関数を微分することになったら登場するので、「こういう計算方法があるのだ」という程度に記憶にとどめておいてください。

数学にまつわる小説

結城浩著の「**数学ガール**」シリーズは、数学について楽しく紹介する小説として有名です。主人公と登場人物の対話形式で、ストーリーに沿って数学の様々なテーマについてわかりやすく解説しています。既に高校や大学の理系学部で数学をある程度学んだ立場で読んでも、「そういう説明の仕方もあるのか！」という驚きがあり、大変参考になります。

ChatGPTによる微分計算

OpenAI社は、2022年11月にAIチャットボット**ChatGPT**をリリースしました。ほんの数年前までは、人間からの質問に応答するAIを作ることは大変難しいタスクでしたが、ChatGPTによって大きなブレークスルーがもたらされたことになります。

さて、このChatGPTですが、微分計算に関する質問を投げかけてみると、なかなか正確に答えてくれます。ChatGPTは微分計算のために作られたものではないため、過信は禁物ですが、計算に自信がないときや、行き詰ったときには息抜きとしてAIに質問してみると面白いかもしれませんね。

いろいろな表記法の使い分け

微分を表現する際に、f'(x)とか$\frac{dy}{dx}$とか、いろいろな表記法があって、最初は戸惑ってしまうかもしれませんね。これらは、どのように使い分ければよいのでしょうか？

結論から申し上げますと、「その文脈で一番わかりやすい書き方をすればOK」です。高校レベルでは比較的簡単な見た目の関数を微分することが多いですが、今後、文字が複数登場するような関数を微分する場面が増えてきた際には、どの変数をどの変数で微分するのかをわかりやすくするために、$\frac{dy}{dx}$のような表記が好まれるでしょう。

	一階微分	二階微分
ライプニッツ記法	$\frac{df(x)}{dx}$	$\frac{d^2f(x)}{dx^2}$
ラグランジュ記法	$f'(x)$	$f''(x)$
ニュートン記法	$\dot{x}$	$\ddot{x}$

12 三角関数の導関数

応用の第一歩

三角関数の導関数を学びます。まずは高校で学ぶ三角関数について復習したうえで、必要な公式をご紹介します。次に、三角関数の導関数をご紹介し、その証明を検討します。

三角関数とは

単位円周上の点Pがあるとします。原点と点Pのなす角をθ(シータ) としたときに、点Pのx座標とy座標のことを、それぞれ$cos\theta$(コサインシータ)、$sin\theta$(サインシータ) と呼びます。また、$cos\theta$に対する$sin\theta$の比率のことを$tan\theta$ (タンジェントシータ) と呼びます。これらを総称して、**三角関数**と呼びます。三角関数は「そういう呪文」として覚えている方が多いですし、そもそも多くの学校の先生は呪文として教えているようですが、上記のように正確に理解したほうが後々のイメージがわかりやすいため、呪文としてではなく、定義をきちんと理解するのがおススメです。グラフで書いた時のイメージについては、「これがポイント」で図解します。

三角関数同士の関係

角度θを直角に動かしたときの三角関数同士の関係性について、下記のことが知られています。

$$\cos\theta = \sin\left(\theta + \frac{\pi}{2}\right)$$

$$sin\,\theta = -cos\left(\theta + \frac{\pi}{2}\right)$$

上記の関係性は、定義を理解していれば自明であるため、暗記する必要はありません。詳細は、「これがポイント」で図解します。

三角関数の加法定理

三角関数の加法定理について、ご紹介します。こちらは暗記したほうが便利だと思いますが、いまのところは、忘れるたびに教科書を開くか、インターネットで検索すれば大丈夫です。

$$\sin(A \pm B) = \sin A \cos B \pm \cos A \sin B$$
$$cos(A \pm B) = \cos A \cos B \mp \sin A \sin B$$

三角関数に関連する有名な極限

三角関数について、特に高校数学で頻繁に出てくる有名な極限があります。ここではご紹介にとどめますが、興味がある方は証明を考えてみてください。

$$\lim_{\theta \to 0} \frac{\sin \theta}{\theta} = 1$$

三角関数の導関数

三角関数の導関数は、下記のようになります。

$$(sin\theta)' = cos\theta$$
$$(cos\theta)' = -sin\theta$$
$$(tan\theta)' = \frac{1}{\cos^2 \theta}$$

三角関数の加法定理と、先ほどご紹介した有名な極限の公式を利用して、三角関数の導関数が上記のようになることを証明してみましょう。

まず、$sin\theta$の導関数からです。

$$(sin\theta)' = \lim_{h \to 0} \frac{\sin(\theta + h) - sin\theta}{h}$$
$$= \lim_{h \to 0} \frac{\cos \theta \sin h + \sin \theta \, cos\, h - \sin \theta}{h}$$
$$= \lim_{h \to 0} \frac{cos\theta \sin h - \sin \theta (1 - \cos h)}{h}$$

$$= \lim_{h \to 0}\left(\cos\theta \frac{\sin h}{h} - \sin\theta \frac{1-\cos h}{h}\right)$$

$$= \cos\theta \times 1 - 0 \times 0$$

$$= \cos\theta$$

次に、$\cos\theta$の導関数を考えます。せっかく$\sin\theta$の導関数が使えるようになったので、これを利用してみましょう。$\cos\theta$と$\sin\theta$の関係は、単位円をイメージすればわかりますね。$\cos\theta$を$\sin\theta$で書き直したら、あとは合成関数の微分の公式に従って計算します。

$$(cos\theta)' = \left(\sin\left(\theta + \frac{\pi}{2}\right)\right)'$$

$$= \cos\left(\theta + \frac{\pi}{2}\right) \times \left(\theta + \frac{\pi}{2}\right)'$$

$$= -sin\ \theta$$

最後に、$\tan\theta$の微分を計算します。$\tan\theta$も、$\cos\theta$や$\sin\theta$の導関数を利用して計算しましょう。そもそも$\tan\theta$は、単位円をイメージしたときに、$\cos\theta$に対する$\sin\theta$の比率のことでしたから、商の微分の公式を利用して計算します。

三平方の定理から、$\cos^2\theta + \sin^2\theta = 1$であることを利用しましょう。

$$(tan\theta)' = \left(\frac{\sin\theta}{\cos\theta}\right)'$$

$$= \frac{\cos\theta(\sin\theta)' - (\cos\theta)'\sin\ \theta}{\cos^2\theta} = \frac{\cos^2\theta + \sin^2\theta}{\cos^2\theta} = \frac{1}{\cos^2\theta}$$

用語のおさらい

商の微分　関数の商の形の関数の導関数は、公式的に計算できます。

三角関数とは何か

冒頭で、三角関数とは、単位円周上の点の座標であるというお話をしました。このことをグラフで描くと、どのようなことになるでしょうか？

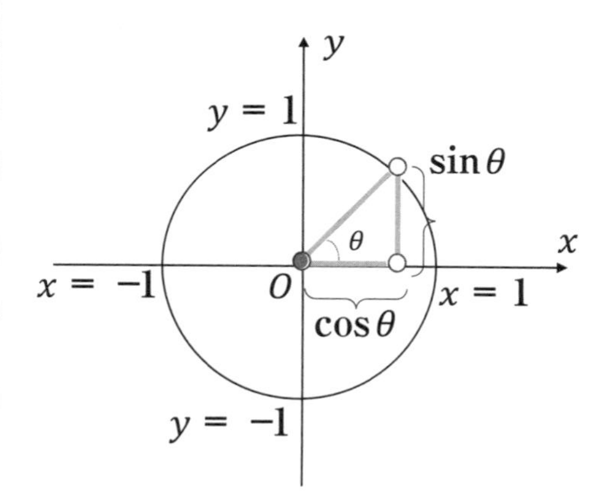

左の図のように、原点を中心に半径1の円を単位円と呼びます。この円周上を回転する点があったとき、回転角をθとして、x座標とy座標を、それぞれ$\cos\theta$、$\sin\theta$と表すことができます。このことを頭に入れておけば、回転角が$\frac{\pi}{2}$回転したときにも、$\cos\theta$、$\sin\theta$の関係を落ち着いて検討することができます。

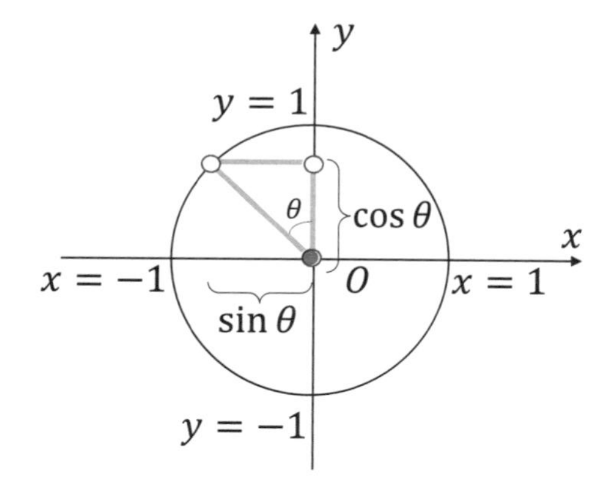

左の図のように、回転角を$\frac{\pi}{2}$だけ反時計回りに動かしてみましょう。x座標は$-\sin\theta$で、y座標は$\cos\theta$になっていることが直ちにわかると思います。このように、三角関数に関する関係性が頭の中で混乱してきたら、まずは落ち着いて単位円を描いて、定義に立ち戻って考えてみてください。

統計学の2つの流派

統計学の中で、**頻度論派**と**ベイズ派**の対立があるということを聞いたことがあるでしょうか？　当然ですが、どちらも数学的に正しい理論体系であり、社会の中で同等に大活躍しています。これらの理論の違いは何でしょうか？

結論からいうと、ユースケースが異なります。頻度論的な統計学では、モデル（関数）を特定するためにデータをより重視した推測を行いますが、ベイズ的な統計学では、事前分布と呼ばれるモデルをあらかじめ設定し、データと合わせて利用します。ベイズ統計でもデータは重要ですが、合わせて事前分布の設定も重要になります。

これにより、例えば、頻度論は信頼性の高いデータが豊富な状況において活躍しますが、ベイズ統計では信頼性の低いデータがあったりデータが少なかったりする状況でも自然な利用が可能になります。

昔は、ベイズ派と頻度論派が明確に分かれて激論が繰り広げられていたようですが、ユースケースによって適切に使い分ければ良いという立場の人が多くなったため、現在の統計学界隈ではそのような光景が見られることは稀です。

高木貞二（1893～1975年）

高木貞二は、日本を代表する数学者です。世界の数学界で最も名誉な賞のひとつであるフィールズ賞の第一回選考委員を務めました。彼の著書「解析概論」は現在でも有名な入門書として知られており、1938年の初版後、改定や増刷を経て、直近では2010年にも定本として出版されています。数多くの教科書が書かれている中で変わらず読み続けられる名著と言えるでしょう。

13 指数関数と対数関数の導関数

応用の第二歩

本節では、指数関数と対数関数の導関数を導きます。指数関数も対数関数も、実務上で非常に重要な関数になります。導関数とセットでこれらの性質を学んでいきましょう。

指数関数とは何か？

$a>0$ かつ $a \neq 0$ であるような定数 a に対して、変数 x を用いて、$f(x)=a^x$ と表されるような関数を、**指数関数**と呼びます。特に日常会話の中では、標準的な指数関数として、**ネイピア数**（または**オイラー数**）e（=2.718281...）を用いて $f(x)=e^x$ と表されるような関数のことを暗に指数関数として呼ぶ場合も多いです。明示的に $f(x)=e^x$ のことを示したい場合には、**自然指数関数**と呼びます。

自然指数関数は、詳細は後述しますが、導関数が自分自身に一致するという便利な性質を持っているため、重宝されます。

後だしになりましたが、ネイピア数 e は、下記の極限により与えられます。

$$e = \lim_{k \to 0}(1 + k)^{\frac{1}{k}}$$

対数関数とは何か？

対数関数は、指数関数の逆関数です。例えば、$y=a^x$ に対する逆関数として、$x=\log_a y$ のように表します。自然指数関数の逆関数は、**自然対数関数**と呼ばれ、ネイピア数 e を省略して、単に $x=\log y$ のように書きます。

対数関数には、定義から、下記のような性質があります。

$$\log_a x + \log_a y = \log_a xy$$

$$\log_a x - \log_a y = \log_a \frac{x}{y}$$

$$k \times \log_a x = \log_a x^k$$

$$\log_a x = \frac{1}{\log_x a}$$

対数関数の導関数微分法の学習までの道のり

指数関数の導関数よりも、対数関数の導関数のほうが簡単です。まずは、$a>0$かつ$a \neq 0$であるような定数aに対して、対数関数$f(x)=\log_a x$の導関数を考えましょう。結論から申し上げると、対数関数の導関数は、自然対数を用いて、下記のように表されます。

$$(\log_a x)' = \frac{1}{x \log a}$$

特に、自然対数関数の導関数は、下記のように表されます。

$$(\log x)' = \frac{1}{x}$$

このことを確かめるためには、定義に従って計算します。

$$(\log_a x)' = \lim_{h \to 0} \frac{\log_a (x+h) - \log_a x}{h}$$

$$= \lim_{h \to 0} \frac{\log_a (x+h) - \log_a x}{h}$$

$$= \lim_{h \to 0} \frac{1}{h} \log_a \left(\frac{x+h}{x} \right)$$

$$= \lim_{h \to 0} \frac{1}{x} \times \frac{x}{h} \log_a \left(1 + \frac{h}{x} \right)$$

ここで、$k = \dfrac{h}{x}$とすると、$h \to 0$のときに$k \to 0$となるので、

$$= \lim_{k \to 0} \frac{1}{x} \times \log_a (1 + k)^{\frac{1}{k}}$$

$$= \frac{1}{x} \log_a e = \frac{1}{x \log a}$$

指数関数の導関数

指数関数$f(x)=a^x$の導関数は、下記のように与えられます。

$$(a^x)' = a^x \log a$$

特に、自然指数関数の導関数は、下記のように与えられます。

$$(e^x)' = e^x$$

自然指数関数の導関数は自分自身となるということです。

指数関数の導関数は、対数関数の導関数を利用して考えると簡単です。まず、関数$y=a^x$の両辺の自然対数をとります（**対数微分法**と呼ばれています）。

$$\log y = x \log a$$

次に、両辺をxで微分します。

$$\frac{y'}{y} = \log a$$

$y=a^x$ですから、

$$y' = a^x \log a$$

となります。

微積で感染者数を予測できる

感染症における感染者の増え方は、指数関数的であると言われます。感染者数を予測する数理モデルとしては、本書でも後でご紹介する「微分方程式」によるモデルが大変よくあてはまり、**SIRモデル**と呼ばれるモデルが基本となっています。

ごく基本的なSIRモデルにおいては、ある感染症について、Susceptible＝感染症への免疫を持たない人々、Infected＝感染症に現在かかっている人々、Recovered＝感染症から回復して免疫を獲得した人々を想定し、それぞれの増え方をシミュレーションします。直感的にも、感染した人がほかの人に感染させてしまう数が一定だと仮定すれば、全体の感染者はねずみ講的に膨れ上がっていくことが想像できるかと思います。

ネイピア数の不思議

この節では、**ネイピア数**について学んできました。このコラムではネイピア数の不思議について述べてみたいと思います。

ネイピア数eは、下記のように定義されました。

$$e = \lim_{k \to 0}(1 + k)^{\frac{1}{k}}$$

この式を、$k = \frac{1}{n}$と書き直すと、下記のような式になります。

$$e = \lim_{n \to \infty}\left(1 + \frac{1}{n}\right)^n$$

この式は、「借金の連続複利の元利合計」の特定の場合の理論モデルとして考えることができます。すなわち、金利と利子を付与する期間が等しくkであるような場合に、nを限りなく大きくした場合（借金を永遠に返さなかった場合）に、その極限値がネイピア数となります。

それでは、なぜネイピア数が「自然」と呼ばれるのでしょうか？　答えは単純で、「数学的な操作をする際に、なんとなく自然っぽいから」です。上記で述べたように、例えば対数関数を考える際に、ネイピア数が底になった場合にはその答えを単純に記述することができました。指数関数に至っては、微分すると自分自身になります。このような性質は、指数関数や対数関数を実際に応用していく際に便利であるため、感謝を込めて（？）「自然」と呼ばれています。

高次導関数

応用の第三歩

ある関数が繰り返し微分できるとき、その導関数を考える方法が整理されています。ここでは、関数を繰り返し微分する方法について学びます。

高次導関数

関数$y=f(x)$の導関数$f'(x)$がxで微分可能であるとします。このとき、$f'(x)$をさらに微分して得られる関数を**第二次導関数**と呼び、$f''(x)$または$f^{(2)}(x)$のように表します。このように、$y=f(x)$がn回微分可能であるときに、$f(x)$をどんどん微分していった時の関数を$f^{(n)}(x)$と書き、**第n次導関数**と呼びます。n次導関数の書き方は様々存在して、次のような例が存在します。慣れれば文脈から自明に理解できるようになりますが、最初は掛け算の意味と紛らわしく感じるかもしれないので、注意しましょう。

$$\frac{d^n f(x)}{dx^n}, \frac{d^n}{dx^n}f(x), \frac{d^n y}{dx^n}, f^{(n)}, D^n f(x)$$

ライプニッツの公式

以前の節で、関数の積を微分する方法を学びました。ここでは、さらに関数の積の第n次導関数を求める方法を考えてみたいと思います。この方法には名前がついていて、**ライプニッツの公式**と呼びます。ここではライプニッツの公式を暗記する必要はないですが、「そういうものがあるのだ」というところまで覚えておいてください。

関数fとgの積について、ライプニッツの公式は、下記のように表現できます。

$$(fg)^{(n)} = \sum_{k=0}^{n} {}_nC_k f^{(n-k)} g^{(k)}$$

ここでは証明は割愛しますが、イメージまではつかんでおきましょう。

数学の勉強の際の鉄則のひとつとして、「よくわからなくなったら、具体的な値で実験的に計算してみる」ということがあります。

今回も、ライプニッツの公式を使わずに、愚直に一回ずつ微分していくとイメージがつかめてきます。関数$\boldsymbol{f(x)}$と関数$\boldsymbol{g(x)}$があったときに、これらの積$\boldsymbol{f(x)g(x)}$を、簡単に$\boldsymbol{fg}$と書くことにしましょう。関数の積の形の関数$\boldsymbol{fg}$の第一次導関数、第二次導関数、第三次導関数、第四次導関数は、それぞれ次のように書けます。$\boldsymbol{f'g}$や$\boldsymbol{fg'}$も$\boldsymbol{x}$の関数ですから、同様に積の微分として計算していくことができます。計算結果については、ぜひお手元で確かめてみてください。

$$(fg)' = f'g + fg'$$
$$(fg)^{(2)} = f^{(2)}g + 2f'g' + fg^{(2)}$$
$$(fg)^{(3)} = f^{(3)}g + 3f^{(2)}g' + 3f'g^{(2)} + fg^{(3)}$$
$$(fg)^{(4)} = f^{(4)}g + 4f^{(3)}g' + 6f^{(2)}g^{(2)} + 4f'g^{(3)} + fg^{(4)}$$

以上の計算結果をご覧になって、規則性があることにお気づきでしょうか？実は、このような形の式展開は二項定理の計算と同じイメージでとらえることができます。

二項定理について復習しましょう。二項定理は、下記のように表されます。

$$(a+b)^n = \sum_{k=0}^{n} {}_nC_k a^k b^{n-k}$$

ライプニッツの公式と二項定理は、どのような点で似ているでしょうか？ここで、2つの式を、簡単な場合について見比べてみましょう。

$$(fg)^{(2)} = (f'g + fg')' = f^{(2)}g + 2f'g' + fg^{(2)}$$
$$(a+b)^2 = a^2 + 2ab + b^2$$

2つの式を確認すると、ライプニッツの公式は、多項式の展開のように考えることができ、多項式の展開は、文字の組み合わせとして考えることができるとわかります。例えば、$(a+b)^2=(a+b)(a+b)$計算では、前半の$(a+b)$のカッコの中からどちらかを順番に選び、後半の$(a+b)$のカッコの中からも同様にどちらかを選んで計算していく過程であることがわかります。$(f'g+fg')$も同様に、fgのうちどちらかを順番に選んでいき、n回微分してn回足し合わせていく操作として理解できます。

複素数と微分

複素数とは、「2乗すると0未満になる数」である「虚数」と、これまで我々もよく扱ってきた「実数」で構成される数です。複素数の入力zに対して、複素数の範囲で出力の値を返す関数$f(z)$を複素関数と呼びます。これに対応して、実数範囲の関数を実関数と呼ぶことがあります。複素関数は、大学以降で学習する範囲になります。この複素関数についても、微分を考えることができます。ただし、複素関数の場合には実関数で考えていたよりもちょっと複雑な事情があります。例えば、そもそも複素数を扱う場合には、実数部分を表す「実部」と虚数部分を表す「虚部」が存在するため、微分の定義からして一筋縄ではいきません。

電気回路、電子回路といった分野の計算では、頻繁に複素関数が登場します。その他、波動など、振動に関係する分野でも複素数が関係します。

は・じ・き

「は・じ・き」。小学校の算数で、苦手な生徒に速さと時間と距離の関係を暗記させるそうです。意味がわかった上で暗記するのは構いませんが、わかっていないのに暗記すると、結局使い物になりません。距離は、そうですね、ある2点間を測定したときの長さでしょうか。mやら光年やら、いろいろな単位があります。時間は、うむ、ちゃんと説明せよと言われたら難しいですね。哲学的な面があります。ここは、秒・分などの単位がある、刻々と過ぎていくものの長さとでもごまかしましょう。以上の「距離」と「時間」を認めてもらえれば、「速さ」は簡単です。速さとは距離の一種で、「時速60km」ならば、1時間ごとに60km進む、ということです。「距離」「時間」という基礎的な概念を認めてもらえれば、というのが案外大きなポイントです。ところで、距離の単位の例として光年をあげたのは、「わ・ざ・と」です。「年」が付いているため、光年を時間の単位だと勘違いしている人が多いんですね。定義、恐るべし。

ちょっとウンチク

深層学習と高次導関数

ある関数の導関数も当然ですが、第二次導関数や第三次導関数は、その関数にとって重要な情報を持ちます。その情報を用いて、**深層学習**によるモデル構築の際にも、モデルがデータから学習する仕組みが設計されることがあります。その他にも、古典的な統計モデルにおいて、高次導関数は重要な意味を持ちます。

関数 $y=f(x)$ をn回微分した関数を第n次導関数といい、$y^{(n)}$ や $f^{(n)}(x)$ で表します。第2次以上の導関数をまとめて高次導関数と呼びます。

深層学習またはディープラーニングは、人間の神経細胞の仕組みを再現したニューラルネットワークを用いた機械学習の手法の1つです。多層構造のニューラルネットワークを用います。画像認識や音声認識、翻訳などさまざまな分野で大きな成果を生み出しています。

深層学習は、解説書籍の中でしばしば図のように表現されます。

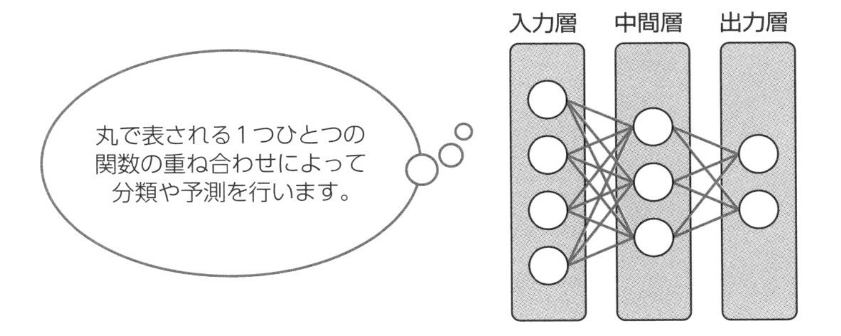

用語のおさらい

二項定理　二項で表される式のべき乗を展開する公式。

接線と法線

関数のグラフと微分の関係

ここでは、ある関数の接線の傾きがその点における微分係数に一致することを学びます。互いに直行する直線同士の傾きの積が-1になることを覚えておけば、法線の方程式も考えることができます。

グラフ上の直線の方程式

グラフ上の直線の方程式といえば、中学校で下記のような式を見たことがあると思います。

$$y=ax+b$$

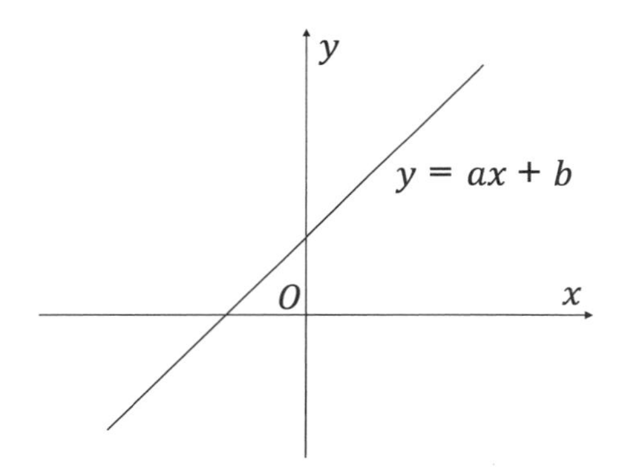

ここで、xとyはそれぞれグラフの横軸と縦軸を表す変数で、aとbはそれぞれグラフの傾きと切片を表す定数となります。

では、グラフ上の点(m,n)を通る直線の方程式は、どのように考えたらよいでしょうか？　方程式が成り立つように無理やり作ってしまいましょう。

「$x=m$のときに$y=n$」が成り立てばよいので、このことをそのまま式で表現すれば大丈夫です。結論としては、次のようになります。

$$y-n=l(x-m)$$

ここで、lは直線の傾きです。確かに、「$x=m$のときに$y=n$」が成り立ちますね。このように、グラフ上の直線に対応する方程式を数式で表現することができます。

グラフ上で互いに直角に交わる方程式

グラフ上で互いに直角に交わる2本の直線の方程式の傾きがそれぞれlとl'であるとき、この方程式の傾きについて、下記のことが成り立ちます。

$$l\times l'=-1$$

このように、グラフ上で直角に交わる方程式の傾きの積は、-1になります。このことはぜひ覚えておいてください。

導関数を用いた接線の方程式

導関数を用いた**接線**の方程式を考えてみましょう。ここで覚えるべきことは、「関数のグラフのある点での微分係数は、その場所での接線の傾きに一致する」ということだけです。

微分係数とは、関数の導関数の、ある点での値を表すものでした。この微分係数が接線の傾きに一致して、この接線が接点を通りますから、関数$y=f(x)$に対して、点$(a,f(a))$における接線を式で表すと、下記のようになります。

$$y-f(a)=f'(a)(x-a)$$

導関数を用いた法線の方程式

導関数を用いた**法線**の方程式を考えてみましょう。接線の傾きは導関数を用いて表現できることを学びましたから、法線の傾きについては覚える必要はありません。接線と法線は、定義より直角に交わりますから、それらの積は-1になりますね。関数$y=f(x)$に対して、点$(a,f(a))$における法線の方程式を表すと、次のようになります。

用語のおさらい

法線　ある直線に対して直角に交わる直線のことを法線と呼びます。

$$y - f(a) = -\frac{1}{f'(a)}(x - a)$$

ただし、$f'(a)=0$のときは、法線の傾きを上記のようにしてしまうと定義できません。このときの法線は明らかに$x=a$になりますね。

関数の接線

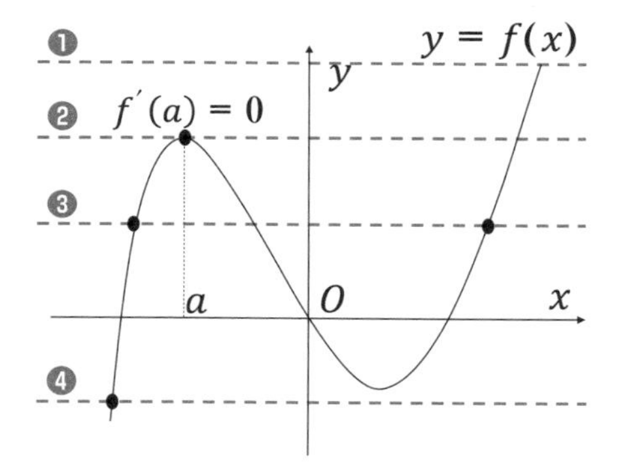

関数の接線とはそもそもどのようなものだったか、図解を通じてイメージだけ理解しておきましょう。

上の図で、関数$f(x)$の$(a,f(a))$における接線は❶〜❹のうち、どのように表現されそうでしょうか？

「❷っぽい！」ということがすぐにわかるかと思います。

ところで、そもそも、接線の定義とはなんでしょうか？　私たちは、なぜ関数の接線について直感的に理解できるのでしょうか？

関数の接線は、実は「その点における微分係数を傾きとして持ち、その点を通る直線」として定義されます。本書もそうですが、多くの教科書や参考書では導関数というものが先に定義されて、「導関数は、なんと不思議なことにある点の接線の傾きと一致します！」という説明の仕方をするのですが、実は接線そのものが導関数に絡んで定義されますし、導関数は接線のイメージから定義されています。このように、関数の微分と接線には深い関係があります。微分の定義が、直感的な「接線」のイメージによく沿っていることがわかります。

日常生活の中の微分積分

みなさまにとても身近なスマホの中でも利用できる微分の例を２つご紹介します。

画像処理の分野で、微分が使われています。画像の加工アプリで、人やモノの輪郭をくっきりさせるような加工機能を見たことがないでしょうか。

実は、画像という数値情報に対して微分を利用することで、あのような画像処理を行うことができます。音声処理の分野でも、微分が使われています。スマホの音声認識や音声加工アプリはすっかり身近になりました。発話の中で音と音の切れ目を認識する際に微分を利用することができ、音声中の発話を単語単位に分割して理解することができるようになります。このように、みなさまの身近なアプリの機能も、微分によって実現できるものがあります。

数学全体の中での微分積分

微分積分の学習のモチベーションは、どのように維持したら良いのか、についてお話ししたいと思います。

数学全体の学習の中では、微分積分や線形代数の分野は基礎として位置づけられます。野球やサッカーのようなスポーツで例えれば、微分積分の学習は、筋トレに相当するといえるでしょう。このため、微分積分は、筋トレが野球というスポーツに活かせるまでに距離があることと同様に、物理学や情報科学のような具体的な応用までにワンステップ遠くなるため、何のために学習しているのか迷子になりやすいといえます。

この問題を解決するためには、野球少年が入団当初にトレーニングジムにしか行かないということがないことと同様に、微分積分の学習者も、物理学や情報科学という具体的な応用事例に取り組んでみるか、少しでもその様子を垣間見てみることをお勧めしています。最初は歯が立たないかもしれませんが、今自分が学習していることがどのような場面で活用されているのかを知ることで、微分積分という基礎体力作りのモチベーション向上に役立ちます。

平均値の定理

接線の所在

平均値の定理とは、ある区間で定義された関数について、その区間の端点での関数の値と、その間のどの点の値とも異なる点が存在するとき、その間のある点で接線が引けることを主張する定理です。グラフを描くことで、内容をよく理解することができます。

平均値の定理とは

関数$f(x)$が、閉区間$[a,b]$において連続で、開区間(a,b)において微分可能であるとき、下記のような実数cが存在します。これを、**平均値の定理**と呼びます。

$$\frac{f(b)-f(a)}{b-a}=f'(c)$$

$$a<c<b$$

平均値の定理は、図形的なイメージで記憶すると効果的です。「これがポイント」で図解します。

平均値の定理の利用

平均値の定理は、不等式の証明に利用できる場合があります。例えば、下記のような不等式を証明するという例題を考えてみましょう。

$$\frac{1}{a+1}<\log(a+1)-\log a<\frac{1}{a}$$

$$a>0$$

関数$f(x)=\log x$は、$x>0$で微分可能です。また、その導関数は、下記のように表されます。

$$f'(x)=\frac{1}{x}$$

このとき、区間$[a,a+1]$で、先ほどの平均値の定理を適用してみましょう。すると、下記のような実数cが存在することがわかります。

$$\frac{f(a+1)-f(a)}{(a+1)-a}=f'(c)$$

$$a<c<a+1$$

すなわち、

$$\frac{\log(a+1)-\log a}{(a+1)-a}=\frac{1}{c}$$

$$a<c<a+1$$

ここで、導関数

$$f'(x)=\frac{1}{x}$$

は単調減少な関数ですから、下記が成り立ちます。

$$\frac{1}{a+1}<\frac{1}{c}<\frac{1}{a}$$

このことを利用すると、

$$\frac{1}{a+1}<\frac{1}{c}<\frac{1}{a}$$

ここから、直ちにもとの不等式が示されます。

用語のおさらい

開区間　その値の範囲の両端を含まないような区間です。

閉区間　その値の範囲の両端を含むような区間です。

平均値の定理の図形的な意味

平均値の定理とは、開区間(a,b)において微分可能であるとき、次のような実数cが存在することでした。

$$\frac{f(b)-f(a)}{b-a}=f'(c)$$

$$a<c<b$$

平均値の定理の不等式の左辺は、②の直線の傾きを表しています。この直線の傾きに一致するような傾きを持つ点を、同じ関数のグラフから持ってくることができるということが平均値の定理の主張です。①はまさにそのような点におけるグラフの接線を表現しています。

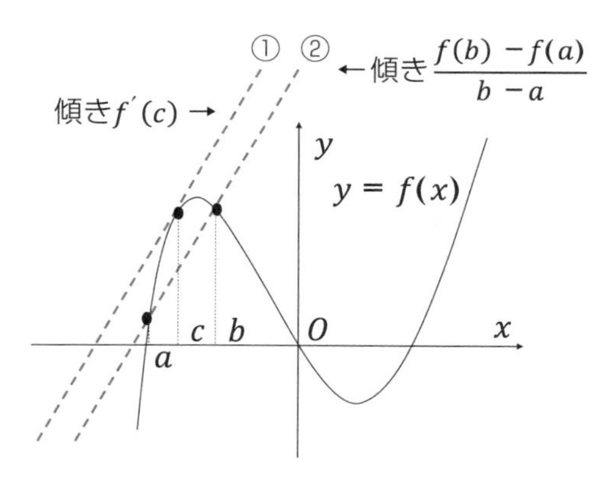

数学オリンピック

世界中の高校生などが数学の能力を競う**数学オリンピック**という競技会があります。2023年の第64回大会は20年ぶりの日本開催となり、112の国から約600名が参加しました。

参加者は、問題を解いて点数を競うほか、各国の参加者間での交流を通じてさらに数学の学びを深めます。

数学の世界で最も名誉な賞のひとつであるフィールズ賞の受賞者も、子ども時代に数学オリンピックに参加した方が多いようです。

これがポイント

コーシーの平均値の定理

高校で教わる平均値の定理は、一般には**ラグランジュの平均値の定理**と呼ばれています。大学の数学では、これをより一般化したコーシーの平均値の定理を教わります。

関数$f(x)$は閉区間$[a,b]$において連続で、開区間(a,b)において微分可能であるとき、開区間(a,b)において$g'(x) \neq 0$ならば、下記のような実数cが存在します。これを、**コーシーの平均値の定理**と呼びます。

$$\frac{f(b)-f(a)}{g(b)-g(a)}=\frac{f'(c)}{g'(c)}$$

ルネ・デカルト（1596～1650年）

ルネ・デカルトは、代数学と幾何学を繋ぐ数学の枠組みを確立しました。彼は、代数的に方程式の解を求めることと、幾何学的にグラフの交点を求めることの関係を初めて論じたといわれています。今日では代数と幾何の対応は半ば自明のことのように扱われていますが、歴史的にはデカルト以降の知識になります。

▲ルネ・デカルト

17 関数の増加・減少と極大・極小

複雑な関数の特徴を描く

微分法を利用して、複雑な関数でも、特徴的な値を調べることができます。特に、極大、極小について調べられることは微分法の非常に便利な用途です。

関数の増加と減少

関数$f(x)$は閉区間$[a,b]$で連続で、開区間(a,b)で微分可能であるとします。このとき、導関数と関数の値の増減について、下記のことが成り立ちます。

①開区間(a,b)で常に$f'(x)>0$ならば、$f(x)$は閉区間$[a,b]$で単調に増加する。
②開区間(a,b)で常に$f'(x)<0$ならば、$f(x)$は閉区間$[a,b]$で単調に減少する。
③開区間(a,b)で常に$f'(x)=0$ならば、$f(x)$は閉区間$[a,b]$で定数である。

このことは、微分係数が関数のグラフの接線に相当することを思い出せば、直感的には明らかなように感じると思います。ここでは、念のため平均値の定理を利用して証明してみましょう。

①について証明します。閉区間$[a,b]$で、$a \leqq u \leqq v \leqq b$を満たす任意の２つの値$u,v$をとると、平均値の定理により、下記のことが成り立ちます。

$$f(v) - f(u) = (v - u)f'(c)$$
$$u < c < v$$

を満たす実数cが存在します。ここで、仮定から、$u - v>0$と$f'(c)>0$から、$f(v) - f(u)>0$がわかります。よって、この関数$f(x)$は閉区間$[a,b]$で単調に増加します。②についても、同様に証明できます。

関数の極大と極小

関数$f(x)$が$x=c$の近くで定義されていて、$x=c$の十分近くでは$x=c$を除いて$f(x)<f(c)$を満たすとき、$f(x)$は$x=c$において**極大**となるといいます。反対に、$x=c$の十分近くでは$x=c$を除いて$f(x)>f(c)$を満たすとき、$f(x)$は$x=c$において**極小**となるといいます。極大と極小をまとめて、**極値**と呼びます。簡単にいえば、極大とは、「その関数の、特定の区間の中で最も値が大きい(かつ、関数がその値の周辺で定義されている)」というふうに理解して差し支えありません。ただし、「最大」とは意味が異なるので、注意してください。最大と極大の違いについては、「これがポイント」で図解します。

関数の極大極小と微分係数の関係

関数の微分係数を調べることで、その関数の極大極小を考えることができます。関数の極大極小に関して、下記の定理が成り立ちます。

①$f(x)$が$x=c$において極値となり、かつ、そこで微分可能ならば、$f'(c)=0$となる。

②$f(x)$が$x=c$において連続で、十分小さな$h>0$をとると、$c<x<c+h$において微分可能で、$f'(x)>0$かつ、$c<x<c+h$において微分可能で、$f'(x)<0$であるとき、$f(x)$が$x=c$において極大である。

②の定理は、符号を反転することで、極小についても成り立ちます。

つまり、関数$f(x)$が$x=c$において極値をとるかどうかを調べるためには、$x=c$の直前と直後で増加、減少が入れ替わっていれば良いということです。

具体的な関数の極値を調べてみましょう。

用語のおさらい

平均値の定理　ある区間での曲線状の点を繋いだ直線の傾きと、その区間内での微分係数についての定理です。

関数$f(x)=x^3-3x+2$の極値を考えます。関数がある点で極値をとる場合、そこでの微分係数は必ず0になるはずですから、まずは導関数を求めます。

すると、

$$f'(x)=3x^2-3=3(x^2-1)$$

このとき、極値をとるとすれば$x=1$か$x=-1$のときであることがわかります。関数$f(x)$は$x<-1$で単調増加、$-1<x<1$で単調減少、$1<x$で単調増加ですから、$x=1$か$x=-1$はともに前後で増加、減少が入れ替わっており、いずれも極値になっていることがわかります。

極大と最大との違い

次の図のように、閉区間$[a,b]$で定義された関数$f(x)$があったとします。この定義域内の点$x=c$で、この関数$f(x)$は極大値$f(c)$をとりますが、これは最大値ではありません。一方、$x=b$で、この関数$f(x)$は最大値$f(b)$をとりますが、これは極大値ではありません。このように、関数の極大と最大は、似ている概念ですが、指し示している対象が明確に異なります。

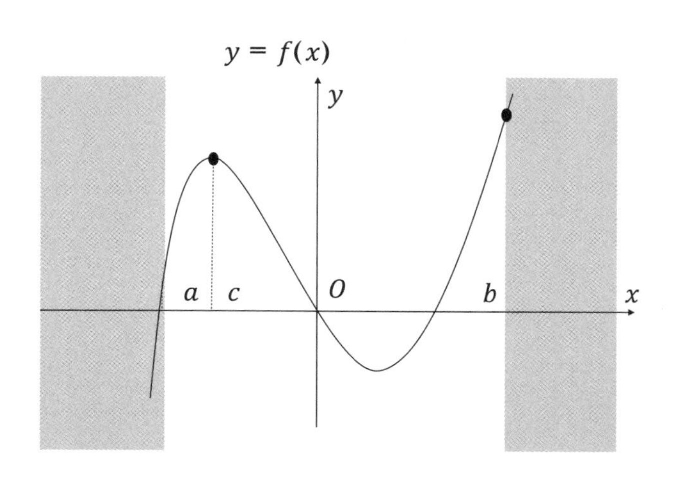

映画「ビューティフル・マインド」

ノーベル経済学賞を受賞した実在の数学者**ジョン・ナッシュ**の半生を描いた映画です。監督は、「アポロ13」など名作で有名なロン・ハワード、主演はアカデミー主演俳優ラッセル・クロウです。

天才数学者の苦悩と彼を支えた妻の愛を描いています。1947年、プリンストン大学院の数学科に入学したナッシュは、研究に没頭しています。やがて「ゲーム理論」を発見した彼は、その功績を認められマサチューセッツ工科大学の研究所に採用されます。愛する女性アリシアと出会い幸せな日々を過ごしますが、ソ連の暗号解読という極秘任務を受け、次第に精神のバランスを崩していきます。

ジョン・ナッシュは、1928年生まれ。**ゲーム理論**、微分幾何学、偏微分方程式で大きな業績を残しています。プリンストン大学博士課程在学中はゲーム理論を研究し、1950年、非協力ゲームに関する博士論文で博士号を取得しました。この頃に、ゲーム理論に関する3つの論文を発表しています。

"Equilibrium Points in N-person Games"（1950年、科学雑誌PNASにて発表）

"The Bargaining Problem"（1950年4月、経済学雑誌Econometricaにて発表）

"Two-person Cooperative Games"（1953年1月、経済学雑誌Econometricaにて発表）

ゲーム理論の研究はとても興味深いものでしたが、数学の博士号を得るには不十分なものであったため、ゲーム理論に関する研究が博士論文として認められなかったことを想定して、微分幾何学のリーマン多様体への埋め込み問題の研究も行っていました。

1994年にゲーム理論の経済学への応用に関する貢献により、ラインハルト・ゼルテン、ジョン・ハーサニと共にノーベル経済学賞を受賞しています。2015年には、非線形偏微分方程式論とその幾何解析への応用に関する貢献によりルイス・ニーレンバーグと共にアーベル賞を受賞しています。微分幾何学では、リーマン多様体の研究に関して大きな功績を残しています。

映画「ビューティフル・マインド」で、ジョン・ナッシュの人生をたどってみるとよいでしょう。

天才数学者アラン・チューリングの生涯

チューリングは、イギリスの数学者、暗号研究者、計算機科学者、哲学者です。電子計算機の黎明期の研究に従事し、計算機械チューリングマシンとして計算を定式化して、情報処理の基礎的・原理的分野で、多大な貢献した天才数学者です。

彼の半生は、アンドリュー・ホッジス原作、ベネディクト・カンバーバッチ主演の映画「**イミテーション・ゲーム**～エニグマと天才数学者の秘密」でも描かれています。この作品は数々の映画賞にノミネートされ、話題となりました。ぜひご覧下さい。

数理最適化における最適解の区別

数理最適化は、与えられた制約条件の下で目的関数の値を最小、または最大にするような解を求める問題です。この**最適解**（目的関数で表現される問題に対して、最も望ましい打ち手）を示すものには、いくつかの種類があります。とりうるすべての入力（打ち手）をすべて探索して、絶対的に最適であるようなものを探索した結果を、**大域最適解**と呼びます。しかし、現実には、とりうるすべての値を網羅的に探索することは現実的ではないことが多いです。このような場合に、探索範囲を適切な範囲に絞って解を求めることが行われます。このようにして得られた最適解のことを、**局所最適解**と呼びます。

ちなみに、数理最適化は、航空機の運航管理や、運送業の最適な輸送経路の算出に用いられている、非常に重要な分野です。読者のみなさまも、本書を手にするためにインターネット通販を利用したかもしれませんが、配送トラックのドライバーの方は、ひょっとしたら数理最適化による最適な輸送計画に従って本書を届けてくれたかもしれませんね。

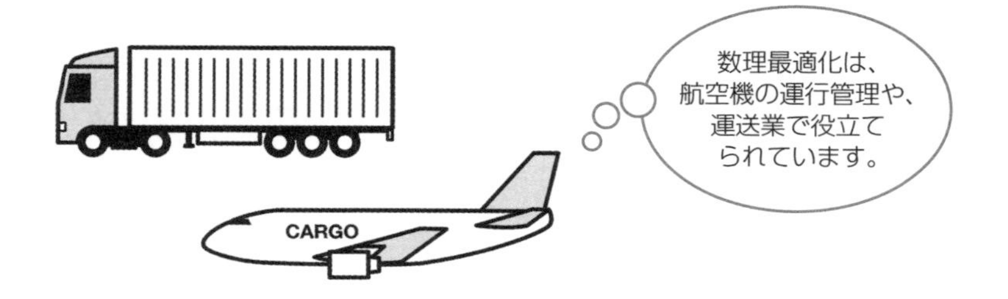

関数のグラフ

関数の凸性の扱い

ここでは、関数のグラフが凸であるとはどのようなことなのかについて学びます。関数が凸であると、その関数の中で大きな値を調べるような計算の上で都合が良いです。

関数の凹凸

まずは、**関数の凹凸**について、グラフ的なイメージで説明します。

関数$f(x)$が、区間Iで定義されているとします。グラフ上の曲線$y=f(x)$に対して、任意の異なる点A,Bをとるとき区間$[A,B]$の間にある曲線が点A,Bを結ぶ直線よりも上側に出ないとき、関数$f(x)$は区間Iで下に凸であると呼びます。または、単に凸であるという時には、下に凸であることを指します。

このことを代数的に書くと、下記のようになります。

$$f(\alpha x_1+\beta x_2) \leqq \alpha f(x_1)+\beta f(x_2)$$

ただし、$x_1,x_2 \in 1$であり、$\alpha+\beta=, \alpha>0, \beta>0$です。代数的な表現よりは、グラフ的なイメージの方で覚えていただければ問題ありません。実際にグラフで描くとどのようなことを指すのかについては、「これがポイント」で図解します。

曲線の凹凸の調べ方については、簡便な方法があります。実は、ある関数の第二次導関数とその関数の曲線の凹凸には密接な関係があり、次のことが成り立ちます。

関数$f(x)$が第二次導関数を持つとき、

> $f''(x)<0$であるような区間では、曲線$y=f(x)$は上に凸である。
> $f''(x)>0$であるような区間では、曲線$y=f(x)$は下に凸である。

変曲点

曲線上のある点Pにおいて、凹凸の状態が変わるとき、その点Pをその曲線を表す関数の**変曲点**と呼びます。

曲線の変曲点には、簡便な調べ方があります。既に述べたように、曲線$y=f(x)$はその第二次導関数$f''(x)$の符号に応じて上に凸か下に凸かを調べることができますから、$f''(x)=0$になるような点の周りで$f''(x)$の符号が変わっていれば、そこが凹凸の境目、つまり変曲点です。

例えば、関数$y=x^3-6x^2+9x-1$のグラフの凹凸を調べてみましょう。この関数の第二次導関数は、$f''(x)=6x-12$ですから、$x=2$のときに$f''(x)=0$です。また、$x<2$で、$f''(x)<0$、$x>2$で、$f''(x)>0$ですから、$x=2$の周りで符号が入れ替わっており、凹凸が変化しています。よって、$x=2$が変曲点となります。

関数の極値の判定

関数の極値は、極値と合わせて関数の凹凸を調べることで、機械的に調べることができます。$x=a$を含むある区間で$f''(x)$が連続であるとします。この時、次のことが成り立ちます。

①$f'(a)=0$かつ$f''(a)<0$ならば、$f(a)$は極大値である。
②$f'(a)=0$かつ$f''(a)>0$ならば、$f(a)$は極小値である。

用語のおさらい

関数の極大極小　関数の増減がその点を境に入れ替わるような点のことを極値と呼びます。

関数の凸性の図解

次の図のように、曲線上の点Cを点Aから点Bまでのどの区間からとっても、その位置は直線ABよりも下側になります。ある曲線が下に凸であるとは、まさにこのような状態を指しています。

ちなみに、数学の勉強をするときに、数式で書いたり、グラフで描いたり、忙しいなあと思ったことはないでしょうか。数式についてグラフで、グラフについて数式で理解することは、特に高校数学を理解する上では非常に有用ですので、ぜひ慣れていただくと良いと思います。

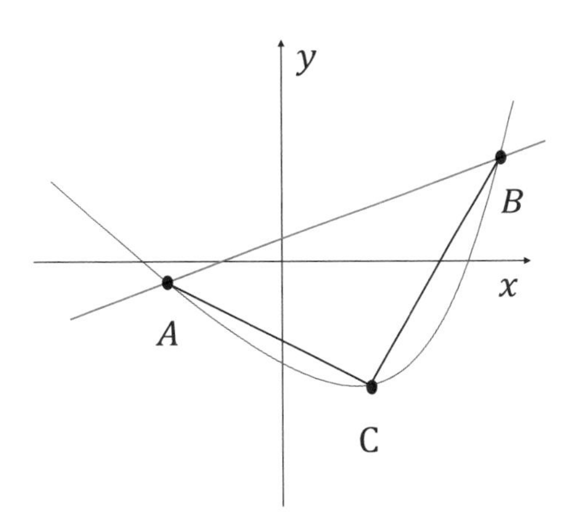

数理最適化と関数の凸

数理最適化において、**関数の凸性**は重要な意味を持ちます。例えば、目的関数が凸関数であることが示せれば、局所最適解がそのまま大域最適解として利用できることが知られています。大域最適解とは、その関数のとりうるすべての値に対して最適な値ということなのに対して、局所最適解は、探索できる範囲の中だけでの最適解なので、この性質は非常に強力です。また、最適解を求める際にも、目的関数が凸関数である場合には、効率的に最適解を計算する方法がよく知られています。このように、数理最適化の分野においては、関数が凸性を持つことで、いろいろなメリットがあります。

いろいろな応用

関数の概形から大小関係をつかむ

微分法を利用して関数のグラフの概形を把握することで、曲線と曲線の位置関係を把握し、不等式や方程式の性質を調べることに利用できます。

不等式の証明

関数の増加、減少を調べることにより、不等式を証明することができます。例えば、下記のような不等式を証明してみましょう。

$$e^x-(x+1)>0,\ x>0$$

$f(x)=e^x-x-1$とおくと、導関数は$f'(x)=e^x-1$となります。$x>0$のとき、$e^x-1>0$ですから、定義域で、$f'(x)>0$が成り立つことがわかりました。よって、$f(x)$は$x>0$で単調に増加します。また、この関数の値は$x=0$に近づくにつれてどんどん小さくなっていくことになりますが、$f(0)=0$ですから、定義域で、$f(x)>0$です。したがって、目的の式が示されました。このように、関数の増減を調べることによって、関数と関数の大小関係を比較して不等式を示すことができます。

方程式の実数解の個数

不等式の証明を行うことと同様に、関数の増減を調べることによって、**方程式の実数解の個数**を調べることができます。例えば、下記のような方程式の実数解の個数を考えましょう。

$$\frac{e^x}{x}=a$$

$$f(x)=\frac{e^x}{x}\text{とおくと}f'(x)=\frac{e^x(x-1)}{x^2}$$

であるので、極値の候補を調べるために$f'(x)=0$を解くと、$x=1$であることがわかります。前後の微分係数の値を調べると、$x<1$で単調減少、$x>1$で単調増加であるので、この関数は$x=1$で極小値を持ちます。

また、

$$\lim_{x \to \infty} \frac{e^x}{x} = \infty$$

$$\lim_{x \to -\infty} \frac{e^x}{x} = 0$$

$$\lim_{x \to +0} \frac{e^x}{x} = \infty$$

$$\lim_{x \to -0} \frac{e^x}{x} = -\infty$$

です。

このグラフと直線$y=a$との交点の個数を数えると、方程式の実数解の個数を理解することができます。

問題に対する解答としては、次のようになります。

詳細については「これがポイント」で図解します。

$a>e$のとき、2個
$a=e$、$a<0$とき、1個
$0 \leqq a<e$のとき、0個

用語のおさらい

方程式の解とグラフの交点　方程式の解の個数は、その方程式が表す曲線と曲線の交点の個数に一致します。

ベイズ統計の二分類

ベイズ統計と呼ばれる統計学の領域におけるモデル（現象を説明/予測するための関数）は、ある関数の形をいろいろと変化させることによる**パラメトリックモデル**と、たくさんの関数を重ね合わせることによる**ノンパラメトリックモデル**に分類することができます。いずれにしても、関数の「形」や「重ね合わせ」を考える際に微分法や積分法が重要な役割を果たします。

関数のグラフ

下記のような関数のグラフを描いてみましょう。

$$y = \frac{e^x}{x}$$

$$y = a$$

各区間における導関数の符号や極限の値を計算した結果を利用して、グラフは図のように書けます。直線$y=a$のグラフを上下に移動して、交点の数を調べることができます。

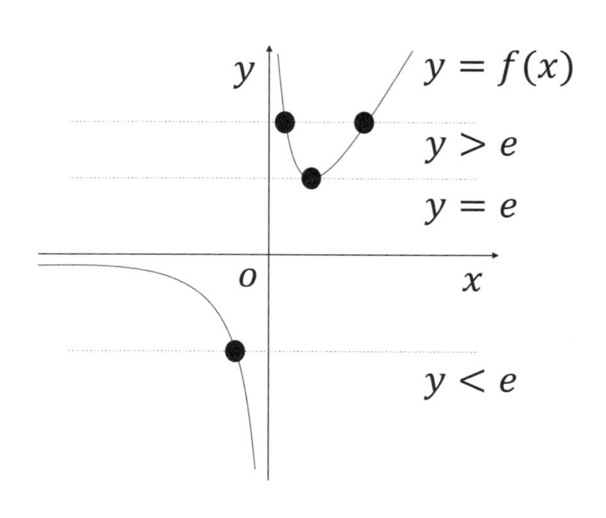

ちょっとウンチク

微積と人工知能

人工知能の一分野として、**マルチエージェントシステム**があります。特に、マルチエージェントシステムによる社会経済モデルでは、エージェントと呼ばれる、社会における個人の役割をする計算機プログラムが多数集まって社会的な相互作用を行います。これにより、社会全体で起きる現象を再現し、その原因の究明や将来予測を行い、打ち手を検討することが目的です。

マルチエージェントシステムを適用するべき条件として3つ挙げられます。まず、分析対象の振る舞いが複雑であること。次に、対象を単に分析するだけでなく、「対象をデザインする」というアプローチが必要なこと。最後に、当事者や関係者を含む複雑な意思決定が関係するという側面を持つため、対象問題を定式化することが非常に困難であることです。

この分野の詳細については、コロナ社の「マルチエージェントシリーズ」の刊行書籍に詳細な紹介があります。

参考：和泉ほか（2017）「マルチエージェントのためのデータ解析」

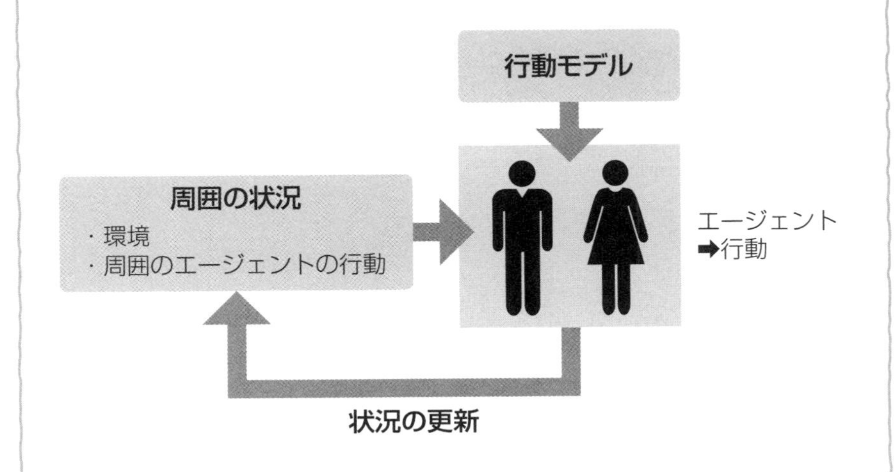

速度・加速度

物理との繋がり

微分法は、物理的な現象と密接に関連しています。ここでは、速度や加速度、角速度との繋がりを通じて、微分法への理解を深めていきましょう。

速度・加速度とは

数直線上を運動する点Pの時刻tにおける座標をxとすると、xはtの関数となります。この関数を$x=f(t)$とすると、tの増加に対するxの増加幅を考える際に、微分の考え方がそのまま適用できます。すなわち、点Pの速度vは、次のように表現できます。

$$v = \frac{dx}{dt} = f'(t)$$

また、この時の速度vの大きさのことを、速さと呼びます。

加速度は、tの増加に対する速度vの増加幅のことです。この加速度αを考える際にも、同様に微分の考え方を適用できます。すなわち、加速度αは、次のように表現できます。

$$\alpha = \frac{dv}{dt} = \frac{d^2x}{dt^2}$$

このように、速度や加速度のような物理的な量を、微分の考え方を使ってすっきりと理解することができます。

用語のおさらい

速度　一定時間あたりに進む距離のこと。

加速度　一定時間内の速度の変化の割合。

平面上の点の運動

平面上の点の運動は、その点の位置を表すベクトルを用いて、速度や加速度によって表現することができます。例えば、下記のような例を考えてみましょう。

xy平面上を時刻tによって動く点Pの座標(x,y)を考えましょう。x,yがtの関数として表されると仮定すると、この点Pの速度は、次のように表されます。

$$\boldsymbol{v} = \left(\frac{dx}{dt}, \frac{dy}{dt}\right)$$

このように、ベクトルによって表される速度のことを**速度ベクトル**と呼ぶことがあります。また、このときの速さは、ベクトルの大きさによって表されます。すなわち、

$$|\boldsymbol{v}| = \sqrt{\left(\frac{dx}{dt}\right)^2 + \left(\frac{dy}{dt}\right)^2}$$

となります。

角速度とは

座標平面上の点Pの時刻tにおける座標を(x,y)とおくと、この点Pの座標が下記のように表されるとき、このような運動を**等速円運動**と呼びます。

$$x=r\cos\omega t$$
$$y=r\sin\omega t$$

三角関数の$\cos$や$\sin$とは、単位円周上の点の座標のことでしたね。これをr倍しているので、今回は半径1の単位円ではなく、半径rの円の座標になります。また、このときのωを、**角速度**と呼びます。時間tに対して、速度ωで円周上を運動するイメージです。

ジャイロスコープ

ジャイロスコープとは、物体の角度や角速度を検出する計測器です。用途としては、みなさまの身近なところでいえば、真っ先にスマートフォンやゲーム機が挙げられるでしょう。カメラやゲームアプリを起動した際に、傾きの情報からブレを補正したり、傾きを利用して操作を行ったりできます。このような場面で、角速度の考え方が役に立ちます。

● 活用事例

カメラの手ぶれ補正
双眼鏡の手ぶれ補正
揺れ防止
自動車の横すべり防止システム
自動車の横転防止
自動車のサイドエアバッグシステム向け横転検知
鉄道の揺れ防止

ジャイロスコープ▶

地球の自転と角速度

地球の自転は一定の速度で行われるわけではなく、実際には、軸の傾きや地球内部の摩擦によって時点速度にわずかな変化が生じます。

地球の自転の角速度は時間の関数として表すことができ、この角速度の変化を表す指標として、国際地球回転・基準系事業（IERS）が定めた「UT1」があります。UT1では、地球の自転の速度の微小な変化を補正しています。1日あたりの補正量は、約1ミリ秒程度だそうです。

用語のおさらい

三角関数　単位円周上の点のx座標をcos、y座標をsinで表します。これらの比率のことをtanで表します。

近似式とテイラー展開

いろいろな関数が多項式に直せる

テイラー展開は、特定の条件下で様々な関数を多項式の形に書き直すことができる非常に強力な道具です。大学受験で出題されることが少ないため、高校の授業では通常はあまり深く触れられませんが、ここでは少し深めに掘り下げてみましょう。

ロールの定理

関数$f(x)$は閉区間$[a,b]$で連続、開区間(a,b)で微分可能とします。このとき、$f(a)=f(b)$ならば、$f'(c)=0$を満たすcが開区間(a,b)内に存在します。これを、**ロールの定理**（**ロルの定理**）と呼びます。グラフをイメージすると、なんとなくそうなりそうな感じはしますが、ここは念のため証明しておきましょう。

ここでは、$f(x)$が定数である場合は明らかですから、$f(x)$が定数ではないような場合を考えましょう。$f(x)$が$f(a)=f(b)$よりも大きい値をとりうる場合に絞って考えます。（逆に、小さい値をとりうる場合については、同様に示せるはずですからね。）$f(c)$がこの区間での最大値であると仮定すると、このとき$c \neq a,b$で、$f'(c)=0$であることを示せばよさそうです。$a \leqq x \leqq b$で$f(x)-f(c) \leqq 0$なので、

$$a<x<c\text{で}\frac{f(x)-f(c)}{x-c} \geqq 0,$$（分子が負の値、分母が負の値ですね）

$$c<x<b\text{で}\frac{f(x)-f(c)}{x-c} \leqq 0,$$（分子が負の値、分母が正の値ですね）

よって、$x \to c-0$、$x \to c+0$とすることにより、$f'(c) \geqq 0$かつ$f'(c) \geqq 0$とすることができます。すなわち、$f'(c)=0$となります。

テイラー展開とは

関数$f(x)$が$x=a$を含む区間で無限回微分可能であるとき、$x=a$の近くで、$f(x)$を自身の導関数で近似することができます。次のような近似を、**テイラー展開**と呼びます。

$$f(x) = f(a) + f'(a)(x - a) + \frac{f''(a)}{2!}(x - a)^2 + \cdots + \frac{f^{(n)}(a)}{n!}(x - a)^n + \cdots$$

このように、無限回微分可能な関数は、自身の導関数を何度も微分したものを用いて近似することができます。特に、$a=0$の場合の近似を、**マクローリン展開**と呼びます。

例えば、関数$f(x)=e^x$のマクローリン展開は、次のようになります。

$$e^x = 1 + \frac{x}{1!} + \frac{x^2}{2!} + \frac{x^3}{3!} + \cdots, \quad -\infty < x < \infty$$

このように、テイラー展開やマクローリン展開を用いて、ある関数に対して多項式の形で記述を与えることができるため、その関数の性質を調べるのに大変有用です。もう少し実務的な効用でいうと、数値計算の際に多項式による近似をよく用います。コンピュータで複雑な関数を計算する際に、多項式によって表現されている方が都合がよいためです。

テイラー展開が成り立つことを証明するためには、ロールの定理を利用します。証明は次のようになります。目標は、下記の関数が成り立つような定数Aをとってきたときに、$f^{(n)}(c)=A$となるようなcの存在を示すことです。

$$f(b) = \sum_{k=0}^{n-1} f^{(k)}(x)\frac{(b - a)^k}{k!} + A\frac{(b - a)^n}{n!}$$

ここで、新たな関数$g(x)$を次のように定義します。

$$g(x) = f(b) - f(x) - \sum_{k=0}^{n-1} f^{(k)}(x)\frac{(b-a)^k}{k!} + A\frac{(b-a)^n}{n!}$$

こうすると、$g(a)=0$、$g(b)=0$となりますから、ロールの定理を用いることができます。つまり、ある$a<c<b$が存在して、$g'(c)=0$が成り立ちます。

次に、$a<x<b$で$g'(x)$を求めると、下記のようになります。

$$g'(x) = -\sum_{k=0}^{n-1} f^{(k+1)}(x)\frac{(b-x)^k}{k!} + \sum_{k=1}^{n-1} f^{(k)}(x)\frac{(b-x)^{k-1}}{(k-1)!} + A\frac{(b-x)^{n-1}}{(n-1)!}$$

ここで、上の式から、第一項と第二項は互いに打ち消し合って、下記の式が成り立ちます。

$$g'(x) = -\frac{(b-x)^{n-1}}{(n-1)!}f^{(n)}(x) + A\frac{(b-x)^{n-1}}{(n-1)!}$$

$g'(c)=0$ですから、

$$g'(c) = -\frac{(b-c)^{n-1}}{(n-1)!}f^{(n)}(c) + A\frac{(b-c)^{n-1}}{(n-1)!} = 0$$

$$\frac{(b-c)^{n-1}}{(n-1)!}(A - f^{(n)}(c)) = 0$$

$b \neq c$ですから、$A - f^{(n)}(c)=0$となります。よって、目標の式が示されました。

用語のおさらい

数値計算　コンピュータによって微分や積分などの数学的な処理を行う方法。手計算を行う時とは別に、計算機で計算を行うためには特別な検討が必要です。

極限操作　数列の収束先、極限値を求める、級数（加算無限個の足し算）の収束先，極限値を求める、包含関係にある集合の加算無限個列を考え、その集合列の極限の集合を求める などのことを指します。

極限操作の威力

タイトルまで読んで、「『近似』って、そんなあいまいな操作が許されるのか！」と驚いた方も多いかもしれません。しかし、数学でいうところの「近似」とは、まったくいい加減な概念ではなく、本書に記載の各種証明を読んでいただければおわかりのように、**極限概念**を駆使してなかなか厳密に議論が展開されます。

初めて極限を学んだときは「どうしてこんなものを使うのだろう」と疑問に思われたかもしれませんが、まさに「近似」のような（日常生活の感覚では）あいまいに感じる「気持ち」の部分を数学らしい厳密な言葉で記述することができるところが、極限概念の威力なのです。

ブルック・テイラー（1685〜1731年）

テイラーは、イングランドの数学者です。多彩な功績で知られるニュートンやライプニッツとは対照的に、「テイラー」といえば直ちに「テイラー展開！」と合いの手が返ってくるように、**テイラー展開**という巨大な業績で知られています。

テイラー展開は、「ある点A、B、Cを通る放物線を求めなさい」というような問題と、「ある放物線上の点における一階の微分と二階の微分がわかっているときに、放物線の方程式を求めなさい」というような問題が同じことを問うていることを示しています。道案内で例えれば、「Aに行って、Bに行って、Cに行ったら着きますよ！」と言うのか、「Aからちょっと左にシュッと曲がったら着きますよ！」と言うのかの違いと言えるかもしれません。（現実世界でこんな道案内で目的地に着けるかはともかく）結果的に同じ道をたどって同じ目的地にたどり着くのであれば、相手に応じて適切な言い方を使い分けたいですね。テイラー展開も同じで、微分を利用して曲線を多項式に変換することで問題の見通しが良くなるような場合に使われます。

テイラー展開で
あまりにも有名！

▲ブルック・テイラー

練習問題

問1

下記の関数の導関数を求めよ。

① $y = 2x + 3$

② $y = -x^2$

③ $y = 2\log x$

④ $y = 3e^x$

⑤ $y = 4\sin x$

⑥ $y = 5\cos x$

⑦ $y = 7\tan x$

⑧ $y = \log x^2, (x > 0)$

⑨ $y = e^x - 2x$

⑩ $y = \frac{3x+2}{x}, (x \neq 0)$

●問2

下記の関数のグラフは、軸上のどの点において増加／減少するか。
(単調増加／単調減少を含む)

① $y = \log x^2, (x > 0)$

② $y = e^x - 2x$

③ $y = \frac{3x+2}{x}, (x \neq 0)$

●問3

不等式$x - 1 \geqq \log x$ $(x > 0)$が成り立つことを証明せよ。

解答・解説

問1　解答・解説

①一般に、$y=ax$ のとき、$y'=a$ になります。定数は微分すると消えてゼロになります。

このため、答えは、$y'=2$ となります。

②一般に、$y=x^n$ のとき、$y'=nx^{n-1}$ になります。

このため、答えは、$y'=-2x$ となります。

③一般に、$y=\log x$ のとき、$y'=\frac{1}{x}$ になります。

このため、答えは、$y'=\frac{2}{x}$ となります。

④一般に、$y=e^x$ のとき、導関数は元の関数と同じで、$y'=e^x$ になります。

このため、答えは、$y'=3e^x$ となります。

⑤一般に、$y=\sin x$ のとき、$y'=\cos x$ になります。

このため、答えは、$y'=4\cos x$ となります。

⑥一般に、$y=\cos x$ のとき、$y'=\sin x$ になります。

このため、答えは、$y'=-5\sin x$ となります。

⑦一般に $y=\tan x$ のとき、$y'=\frac{1}{\cos^2 x}$ になります。

このため、答えは、$y'=\frac{7}{\cos^2 x}$ となります。

⑧一般に、$y=\log x$ のとき、$y'=\frac{1}{x}$ になります。また、今回は対数関数の中身が x^2 で、関数の形になっていますから、連鎖律を適用する必要があります。

このため、答えは、$y'=\frac{2x}{x^2}=\frac{2}{x}$ となります。

⑨一般に、$y=e^x$のとき、導関数は元の関数と同じで、$y'=e^x$になります。また、$y=ax$のとき、$y'=a$になります。

このため、答えは、$y'=e^x-2$となります。

⑩一般に、関数の商の形で表される関数$y=\frac{f(x)}{g(x)}$の微分は、

$y=\frac{f'(x)g(x)-f(x)g'(x)}{\{g(x)\}^2}$となります。

今回の場合、$g=(x)$、$f=(x)=3x+2$です。

このため、答えは、$y'=\frac{3x-(3x+2)}{x^2}=\frac{-2}{x^2}$となります。

●問2　解答・解説

①定義域で常に微分係数の値が正なので、単調増加です。

②e^x-2を解くと、$x=\log 2$となります。

$x<\log 2$で、微分係数の値は負、$x>\log 2$で、微分係数の値は正です。よって、$x<\log 2$で単調減少、$x=\log 2$で極小$x>\log 2$で単調増加となります。

③定義域で導関数の値は負なので、単調減少となります。

●問3　解答・解説

$x-1 \geqq \log x, \ (x>0)$を示すためには$0 \geqq \log x-x+1, \ (x>0)$を示せばOKです。

$f(x)=\log x-x+1$とおくと$f'(x)=\frac{1}{x}-1$

となります。$f(x)$の増減は、$x>1$で$f'(x)>0$であることから単調増加、$x=1$で$f'(x)=0$であることから極大値、$x>1$で$f'(x)<0$であることから単調減少であることがわかります。このことから、$f(1)=0$はこの関数の最大値であるため、$0 \geqq f(x)$となることがわかります。以上で不等式を示すことができました。

第3章 積分法

図形の面積や曲線の長さを求める方法として発展し、これをさらに一般化し、系統的に扱うようになったのが積分法です。積分法は微分法の逆演算です。

ベルンハルト・リーマン
(1826～1866年)

アンリ・ルベーグ
(1875～1941年)

22 積分法が世の中のどこで使われているか

日常の隅々に浸透している積分

積分法は、小さなものを寄せ集める計算法です。塵も積もれば山となる、の「積」です。大学受験では、積分で面積や体積を求めることが多いです。ここでは、エンジニアリング(車体設計)、データサイエンス、金融(投資銀行)について、積分がどのように使われているか、見ていきましょう。微分法と同様、私たちの日常の隅々に、積分は浸透しています。

車体設計と積分法

電気自動車が徐々に普及しています。でもまだ、ガソリン車も多いですね。ガソリン車は、シリンダの中でガソリンが爆発的に燃焼することで、クランクが動き、自動車が動きます。シリンダの体積が$v1$から$v2$に大きくなるとき、シリンダ内の気圧をpとすれば、気体がする仕事Wは、

$$W=\int_{v1}^{v2} p\,dv$$

で計算できます。$\int$は、積分しましょう、という記号で、インテグラルと読みます。dvは、体積を表すvを変数にとって計算しますよ、という意味です。仕事Wの値が求まれば、エンジンのパワーがわかりますね。

データサイエンティストと積分法

データサイエンティストが用いる分析手法に**統計学**があります。統計学とは、過去の出来事から、将来起きる出来事を、確率論を用いて推測する学問です。例えば、サイコロを振るとき、5の目が出る確率は$\frac{1}{6}$に決まります。このように、確率が決まるような変数Xを**確率変数**といいます。この例であれば、$X=5$です。確率変数Xが常にある値x以下であることを表す関数を**累積密度関数**といいますが、これは**確率密度関数**のグラフを積分（面積を計算）することで得られます。

投資銀行と積分法

投資銀行とは、政府のように大規模な機関のために金融取引を行う銀行です。投資銀行が扱う商品（有価証券など）は、常にその価値が変動します。将来を予測するためには確率論が必要です。確率論を自由に扱うには、先に述べたように積分が必要となる場合があります。

変数と定数

変数は変化する数、定数は決まった数。果たしてそうでしょうか。実は、定数が変化することもあります。ただし、有名な定数である円周率πは変化しません。状況によって、変数は定数でもあり、定数は変数にもなるんですよ。

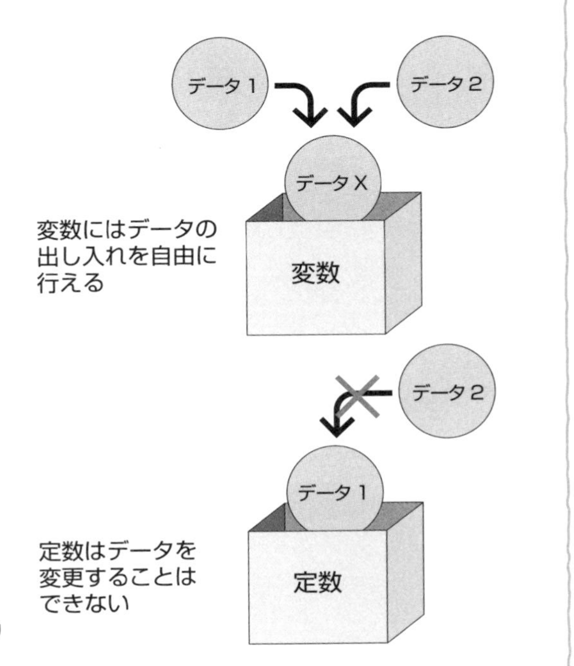

出典：神田エナスクールHPより

用語のおさらい

確率変数　統計学の確率論において、起こりうることがらに割り当てている値を取る変数。

ソフトウェア工学と微積

ソフトウェア工学でも微分積分が使われます。例えば、**ゴンペルツ曲線**は、ソフトウェアをテストした際に発見されるバグの数をグラフにしたものですが、本書の後で学ぶ「微分方程式」と関わりがあります。

例えば、あるソフトウェアを開発していて、試しに特定の段階で正しく動作するかテストしてみたとしましょう。この時に、開発の進行に対して発見されるバグの数は統計的に推測することができ、開発段階に対してたくさんバグが見つかる場合には、開発に問題があることが多いとされています。

ゴンペルツ曲線と
微分方程式は
深い関係が
あります。

23 不定積分の計算

微分の逆算で捉える

面積・体積の数値を求める計算は、定積分の一種です。定積分の元になるのが、不定積分です。簡単にいえば、微分の逆算です。「積分公式」という形でまとめられればいいのですが、関数のバリエーションが多いので、微分の逆算で捉えるのがシンプルです。

不定積分の計算

関数$F(x)$と関数$f(x)$の間に、

$$F'(x)=f(x) \quad \cdots\cdots❶$$

の関係が成り立つとします。つまり、関数$F(x)$の導関数$f(x)$がわかっているとき、微分される前の$F(x)$を求めることを積分（不定積分）するといい、

$$\int f(x)\,dx = F(x) + C \quad \cdots\cdots❷$$

と表します。Cは積分定数で、dxは「xを変数とみて積分するよ」という意味です。dxのところがdtとなっていれば、tで積分するよ、という意味になります。微分と積分は互いに逆の演算なので、❷の両辺を微分すると$f(x)=F'(x)$を得ます。確かに、❶は成り立っていますね。以下、Cは省略することがあります。

ちなみに、$f(x)$を**被積分関数**、$F(x)$を$f(x)$の**不定積分**または**原始関数**といいます。実際、高2で習う整式（多項式）で表された関数、

$$\int x^n\,dx = \frac{1}{n+1}x^{n+1} + C$$

となります。これを積分公式として暗記しても構いませんが、実際は様々な種類の関数を積分したいため、**微分の逆操作**として理解をしていく方が賢明ですね。つまり、積分計算のマスターには、微分計算のマスターが土台になるということを強調します。なお、本書では、積分可能性すなわち積分ができるかどうかは、あまり気にしないことにします。

計算してみましょう

いくつか例を挙げましょう。

$$\cdot\ (\log|x|)' = \frac{1}{x} \text{ より、} \int \frac{1}{x}\, dx = \log|x| + C$$

$$\cdot\ \left(\frac{1}{x}\right)' = -\frac{1}{x^2} \text{ より、} \int \frac{1}{x^2}\, dx = -\frac{1}{x} + C$$

係数が分数のとき、分母と分子が逆というミスをよくしがちです。また、符号（プラス・マイナス）のミスも多いですね。積分して出た式を微分して元に戻るかどうかの確認が肝要です。

背伸びしてみましょう

高校で習う関数は、関数の世界ではごくごく一部にしか過ぎません。「ちょっと上」にチャレンジしてみましょう。

$y=\tan x$の逆関数を$x=\arctan y$と表します。つまり、$y=\tan x$において、xをyに対応させる関数を*arctan*というのです。慣例にしたがってxとyを入れ替えれば、$y=\arctan x$となります。これをxで微分すれば、

$$y' = \frac{1}{1+x^2}$$

です。つまり、

$$\int \frac{1}{1+x^2}\, dx = \arctan x + C$$

ですね。高校数学の範囲内では、**置換積分**が必要となります。なお、$\arctan x$は$\tan^{-1} x$とも書きます。（ここでは、逆関数の存在は仮定しました）

用語のおさらい

微分と積分の関係　積分をしたいとは、微分の逆の計算をしたい、ということです。

合成関数

数学における関数とは、数値と数値の関係です。xの値を１つ決めたとき、対応する値xが１つに決まれば、「yはxの関数である」といいます。

しばしば、$y=f(x)$のように書きますね。fはxをyに対応させる規則です。xをyに、さらにyをzに対応させることを$z(x)=g(f(x))$や$z(x)=(g \circ f)(x)$のように表します。入れ子構造ですね。数式のマトリョーシカ。こういう関数を**合成関数**といいます。

高校数学と大学数学での表現の違い

大学の教科書と高校の教科書で表現が異なる場合がありますが、ここは、高校数学流に説明しました。ところで、微分で学んだように、dxやdtは微小変化量という意味があり、単なる数値のように扱うことがあります。微分計算がスムーズにできれば、積分もうまくいきます。

数字における関数

数学における関数とは、数値と数値の関係です。xの値を１つ決めたとき、対応する値yが１つに決まれば、「yはxの関数である」といいます。しばしば、$y=f(x)$のように書きますね。fはxをyに対応させる規則です。xをyに、さらにyをzに対応させることを$z(x)=g(f(x))$や$z(x)=(g \circ f)(x)$のように表します。入れ子構造ですね。数式のマトリョーシカ。こういう関数を合成関数といいます。

ちょっとウンチク

高校物理で役立つ微分積分

物理の公式は、微分積分ですべて表すことができます。高校で出てきた公式も微分積分を具体的に計算した形になっていたり、変化量Δを使って表しているだけのことで、本来ならすべて微分積分の形で書けるのです。物理の公式がなぜ微分積分の形で書けるかというと、ほとんどの公式は運動方程式から導くことができ、その運動方程式が微分の形で表されているからです。

ちょっとウンチク

ジェットコースターと積分

みなさまが大好きな**ジェットコースター**、実は積分が深く関わっています。無重力感や飛行感が楽しめますが、なかには、縦の垂直のループ状になっているものもあります。乗ると、外側に引っ張られる感覚がありますよね。このような強い力がかかるジェットコースター、鞭打ちになりそうですが、なりません。ここには積分が関係しています。ジェットコースターの垂直ループは楕円のような形になっています。

円に近い形になると、ループに差し掛かった瞬間にものすごい力がかかります。たとえば、垂直ループが真円形をしているジェットコースターだと、ループに入った瞬間に乗客の首に通常の12倍もの力がかかります。乗客への負荷を減らすために、ループは楕円形をしているのです。この曲線のことを緩和曲線（クロソイド）といい、この曲線は曲がり度合いを積分して作られているのです。

用語のおさらい

不定積分　微分すると$f(x)$になる関数（全体）のことを$f(x)$の不定積分といいます。

積分する　微分の逆の計算をするということです。

緩和曲線　鉄道車両が直線路から急に曲線路に進入したり、曲線路から別の曲線路に進入するときの激しいショックを避けるために設ける特別の線路の曲線。

24 置換積分と部分積分

ちょっと複雑な被積分関数の操作

本節でも、微分から出発して積分を学びます。被積分関数が整関数同士の和や積だけであれば、被積分関数を整理してから積分すれば済みます。ところが、例えば指数関数と整関数の積であれば、邪魔な整関数を「取り除く」必要があります。このように、ちょっと複雑な被積分関数の操作を見てみましょう。

部分積分

積の微分公式

$$\{f(x)g(x)\}' = f'(x)g(x) + f(x)g'(x)$$

を移項して

$$f'(x)g(x) = \{f(x)g(x)\}' - f(x)g'(x)$$

とし、両辺をxで積分したもの

$$\int f'(x)g(x)dx = f(x)g(x) - \int f(x)g'(x)dx$$

を**部分積分**といいます。ここで、

$$\int f'(x)g(x)\,dx = \int f'(x)\,dx \int g(x)dx$$

のようなことはできません。
部分積分を用いると、例えば、

$$\int e^x \cdot x\,dx = e^x x - \int e^x dx$$

となります。$g(x)=x$が微分操作で消えて、計算できる形になりました。計算できる形に持ち込むために、部分積分を行うのです。

置換積分

合成関数の微分公式

$$\{f(g(x))\}' = f'(g(x))\ g'(x)$$

の両辺を積分して、

$$f(g(x)) = \int f'(g(x))g'(x)dx$$

とした上で$t=g(x)$とおきます。準備のために、これをxで微分して$dt=g'(x)dx$を作っておいて整理すれば、

$$f(t) = \int f'(t)dt$$

となりますね。

ここまで読んで、「何のことだかさっぱり!?」だと思いませんか？

例えば、$I=\int e^x\cos e^x\,dx$の積分を考えましょう。

$t=e^x$として、を作っておいて、

$$I = \int\{cos(e^x)\}\cdot e^x dx = \int \cos t\ dt$$

です。式がずいぶんとすっきりしますね。すっきりさせるために、**置換積分**をすると思ってもいいでしょう。むやみに置換をやっているのではないのですよ。ここで、$\cos(e^x)$は、$\cos$とe^xをかけ算しているのではなく、$\cos\theta$のθの部分にe^xが入っていることに注意しましょう。

計算してみよう

ここで一題。**オイラー積分**とか**β関数**とか呼ばれている積分の「親戚」を計算してみましょう。添え字の操作が難しいかもしれません。

・m,nを自然数とする。定積分

$$I_{m,n} = \int_1^2 (x-1)^{m-1}(x-2)^{n-1}\,dx$$

について、$I_{m,n}$を求めよ。ただし、$n \geqq 2$とする。

部分積分の公式より、

$$I_{m,n} = \left[\frac{(x-1)^m}{m} \cdot (x-2)^{n-1}\right]_1^2 - \frac{n-1}{m}\int_1^2 (x-1)^m (x-2)^{n-2}dx$$

被積分関数の指数に注目して整理すれば、

$$I_{m,n} = -\frac{n-1}{m} I_{m+1,n-1} \qquad \cdots\cdots❶$$

を得る。$\boldsymbol{m}$を1つ大きくし、$\boldsymbol{n}$を1つ小さくすれば、

$$I_{m+1,n-1} = -\frac{n-2}{m+1} I_{m+2,n-2} \qquad \cdots\cdots❷$$

❶、❷より$I_{m+1,n-1}$を消去して、

$$I_{m,n} = (-1)^2 \frac{(n-1)(n-2)}{m(m+1)} I_{m+2,n-2} \qquad \cdots\cdots❸$$

以上のような操作を繰り返して、

$$I_{m,n} = \frac{(-1)^{n-1}\left((n-1)(n-2)\cdots\cdot 2\cdot 1\right)}{m(m+1)\cdots(m+n-2)} I_{m+n-1,1}$$

ここで、

$$I_{m+n-1,1} = \int_1^2 (x-1)^{m+n-2} \cdot 1\, dx = \frac{1}{m+n-1}\left[(x-1)^{m+n-1}\right]_1^2 = \frac{1}{m+n-1}$$

であるから、

$$I_{m,n} = \frac{(-1)^{n-1}\left((n-1)(n-2)\cdots\cdot 2\cdot 1\right)}{m(m+1)\cdots(m+n-2)(m+n-1)}$$

となる。分母・分子に$\mathbf{1\cdot 2\cdot \ldots \cdot}(\boldsymbol{m}-\mathbf{1})$をかけて整理すれば、

$$I_{m,n} = \frac{(-1)^{n-1}(n-1)!(m-1)!}{(m+n-1)!}$$

最終結果は$n-1$でも成り立ちます。「以上のような操作を繰り返して」ってどのようにするんですか？　という質問がたくさん来る問題です。少しアシストをしておきましょう。

❷でmを1つ大きくし、nを1つ小さくした式❹をつくります（自分でつくって下さい）。これを、❸の右辺に代入するのです。さらに、❹でmを1つ大きくし、nを1つ小さくすれば…と、本当に繰り返すんです。慣れていない人は面倒だな、と感じるでしょう。要は、慣れ。頭の善し悪しの問題ではありません。

また、「！（階乗）」計算も、文字だらけなので難しいと感じるでしょう。解答の一番最後でやった計算は、「…」が入って美しくない式を、きれいにまとめるための計算です。きれいにまとめておいた方が、結果を利用するときに楽ですからね。

高校レベルの計算はコツコツやればできますので、結果ばかりを求めず、丁寧に筆を運ぶことが重要です。

用語のおさらい

部分積分　微分積分学・解析学における関数の積の積分に関する定理。

積分結果が正しいか確認する方法　積分結果が正しいかは、それを微分することで確認できます。

公式と定理

公式って何でしょうか？　定理って何でしょうか。実は、公式も定理も、正しいと証明されている数学的な論理や式のことです。「二次方程式の解の公式」「三平方の定理」などがありますね。では、公式や定理はどこからきたのでしょうか？　それは、公理。公理とは、出発点です。例えば、高校の幾何で、重なっていない２本の平行直線は交わらない、といいますね。これは公理です。他には、定義という言葉があります。「0は２で割り切れるから偶数」、の「２で割りきれるから偶数」の部分が定義ですね。

公理、定義について
よく知っておくと
便利です。

線形代数学

線形代数学とは、ベクトルや行列を用いて、一次式を上手に取り扱うための技術や理論のことです。なぜ一次式？　と思われるかもしれませんが、世の中では多くの現象が一次式で近似的に計算されているため、非常に重要な分野です。理工系のどんな学問を学ぶ場合にも、線形代数の学習は避けて通れないでしょう。

東京理科大学近代科学資料館

東京理科大学近代科学資料館は、東京理科大学創立110周年を記念して平成3年11月に建設されました。明治39年、神楽坂に建設された東京物理学校の木造校舎の外観を復元しています。

江戸時代から明治期にかけて、日本の理学教育がどのように普及していったのか、東京物理学校の歴史とともに見ることができます。当時の第一線の科学者が寄稿した「東京物理学校雑誌」なども紹介しています。

また、サロンでは、エジソンの発明した貴重な蓄音機を見ることができます。

アクセス：
JR総武線「飯田橋」西口より徒歩４分／
地下鉄「飯田橋」B3出口より徒歩３分
住所：〒162-8601 東京都新宿区神楽坂
１－３ 東京理科大学近代科学資料館
ＴＥＬ：03－5228－8224（開館時間のみ）

なるほど科学体験館

東京理科大学の野田キャンパスにあります。ハンズオン形式（体験型）の展示で、科学技術の原理や本質を体験的に実感できるようになっています。東京理科大学の研究成果が見られるようになっています。

館内に入ると、東京理科大の前身である東京物理学講習所を創立した21人の肖像画が展示されています。1階の算数・数学フロアでは、曲線や図形など12項目に渡る数学教具を、さわって、実験して、確かめることができます。2階は科学フロアとなっており、身の回りの不思議を実践で確かめられます。別棟9号館では、大型計算機が展示されています。日本のコンピュータ時代の幕開けを担った「UNIVAC 120」、新幹線の東京—大阪間の所要時間を計算した真空管コンピュータ「Bendix G-15」、日本独自の演算素子パラメトロンが採用された「FACOM201」といった、世界でも貴重な初期のコンピュータを展示しています。

アクセス：
東武野田線（東武アーバンパークライン）「運河駅」西口より徒歩５分
住所：〒278-8510　千葉県野田市山崎2641
場所：東京理科大学 野田キャンパス20号館
ＴＥＬ：04－7122－9651

いろいろな関数の不定積分

面積・体積への応用

積分計算には慣れてきましたか？　ここでは、微分の復習を兼ねて、基本関数を中心に様々な関数の不定積分を見ていきます。面積・体積などの具体的な計算にすぐ応用できる内容ですので、ぜひ、きっちり取り組んでください。

整式で表された関数・無理関数の不定積分

まとめて、

$$\int x^a dx = \frac{1}{a+1}\, x^{a+1}$$

です。ここで、aは-1以外の実数です。つまり、自然数に限定されません。$a=-1$のときは、後述の対数関数になります。

三角関数の不定積分

基本関数については、

$$\int \sin x\, dx = -\cos x、\int \cos x\, dx = \sin x、\int \frac{1}{\cos^2 x} dx = \tan x$$

です。合成関数の形で表すと、

$$\int f'(x) \sin f(x)\, dx = -\cos f(x)、\int f'(x) \cos f(x) dx = \sin f(x)、$$

$$\int \frac{f'(x)}{\cos^2 f(x)} dx = \tan f(x)$$

です。計算をスムーズにするには、被積分関数内に導関数が発見できることが重要です。角の単位はラジアンです。

指数関数・対数関数の不定積分

基本関数については、

$$\int e^x dx = e^x、\int \frac{1}{x} dx = \log|x|$$

です。合成関数の形で表すと、

$$\int f'(x)\, e^{f(x)}\, dx = e^{f(x)}、\int \frac{f'(x)}{f(x)} dx = \log|f(x)|$$

となります。底は自然対数(e)で、通常省略します。底がeでない場合は、積分計算をする前に底の変換をします。対数の定義$a^x=R \Leftrightarrow x=\log_a R$を整理して$a^{\log_e R}=R$です。

これを用いると$a=e^{\log_e a}$となり、底がeになりました！

整式と多項式

整式と**多項式**は、同じ用語と思ってよいでしょう。多項式と**単項式**は特に区別せず、また、整式の係数は一般には複素数です。整数係数という意味じゃないんです。定数項も係数です。用語の定義には他の流儀もありますが、微分積分を学ぶ上では細かな差異は気にしないでもよいのではないでしょうか。

- **単項式**：1つの項だけで表された式のこと。
- **多項式**：いくつかの単項式の和で表された式のこと。

しかし、一般的には単項式のことを整式と呼ぶことはほとんどありません。整式は多項式のことを表しているといっても間違いではありません。

単項式を項が1つしかない多項式と考えれば、実質、整式＝多項式となります。

用語のおさらい

被積分関数　右辺から左辺の被積分関数を見ると、微分していることになります。

ちょっとウンチク

集合とは何か？

集合とは、「ある特定の性質をそなえたものの集まり」のことです。自然数全体の集まり、整数全体の集まり、日本人全体の集まり、などはすべて集合です。ただし、集合論での集合とは、単なるものの集まりではなく、その範囲がしっかりと定まっていなければいけません。例えば、「美人の集合」は、美人の定義が人によって違いますから、集合とは呼びません。集合論は、数学の世界では空気や水のように浸透しています。

これがポイント

天気予報と微分積分

天気予報と微分積分との関係についてお話ししましょう。

天気は、変化する要素があまりにも多いため、100パーセント的中する天気予報はまだ実現できていません。

そこで、天気予報ではすべてを正確に知ることはせずに、中間をとることにしたのです。このため天気予報には厳密でないところもあるのですが、信頼性は大きく向上しました。

区画ごとに天気がどう変化していくかは、コンピュータが計算します。大気が移動する速度は微分で、一定時間経過後の変化量については積分を用いて解析します。

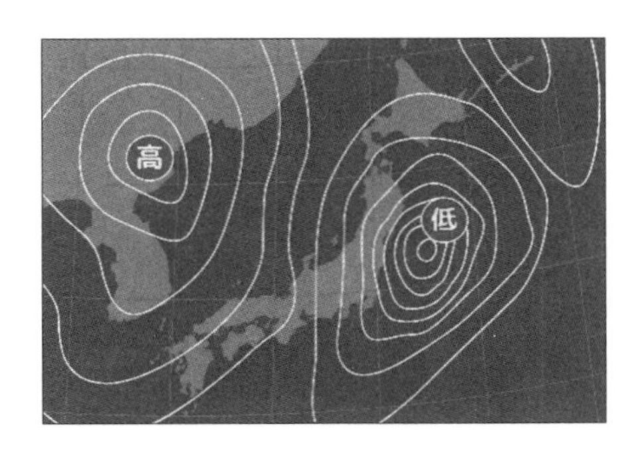

計量経済学

計量経済学とは、経済現象の関係性を推測したり、経済理論を実証したり、政府や企業のような組織における政策・施策の効果を検証したりする経済学の一分野です。統計学を用いた分析が行われますが、統計学とは独立に様々なデータ分析技術を培ってきました。企業のビジネスにおいても、マーケティングの効果を確かめたり、商品の需要を予測したりと、幅広く活用されています。

一般に、経済学における科学的方法論として、対象となる現象の数学的なモデルを記述し、それをもとに計量経済モデルを用いて実際のデータとの整合性を確かめるということが行われます。当然ですが、数学的なモデルを作る部分でも、計量経済モデルにより実証的な分析を行う部分でも、微分積分の知識が活かされています。

フラクタル図形

フラクタル図形とは、その図形の一部として、図形全体と相似な図形を含むような図形です。自然界でもフラクタル図形を観察することができます。例えば、イタリアンやフレンチのレストランでよく目にする「ロマネスコ」は、円柱状の突起がさらに円柱状の突起をつくるという構造になっており、フラクタル的であると言えます。また、シダの葉もフラクタル的であるとして知られています。

シダの葉とロマネスコ、どちらもフラクタル的と言われています。

定積分の計算

面積、体積を求めるには?

不定積分計算をしただけでは、面積、体積、etc…は求まりません。不定積分計算を行った後、数値を代入する必要があります。人間がやろうとすると、かなり細かい計算になってしまいます。やり方はわかっても、合わないのです。定積分計算をやってみると、コンピュータのありがたみが身に沁みますよ。

定積分とは

不定積分 $\int f(x)dx=F(x)+C$ において、

$$\int_a^b f(x)\,dx = [F(x)]_a^b = F(b) - F(a) \quad \cdots\cdots\cdots ❶$$

と計算することを、**定積分**といいます。a,b は実数で、a を下端、b を上端といいます。$a>b, a=b, a<b$ のいずれでも構いません。

❶は様々な数値を表します。$b>a$ であり、$a \leqq x \leqq b$ で常に $f(x) \geqq 0$ のとき、❶は $y=f(x)$ のグラフと x 軸、2直線 $x=a,\ x=b$ で囲まれた部分の面積を表します。定積分が面積を表すならばその値は必ず正ですが、面積以外では0にも負にもなります。

積分計算の工夫

次のような**定積分の基本性質**を用いて、少しでも計算をしやすいように工夫するのです。以下、x 以外の文字は実数の定数とします。おおむね、和の記号 Σ と同じ演算法則です。

$$\cdot\int_a^b \{kf(x) + \lg(x)\}\,dx = k\int_a^b f(x)\,dx + l\int_a^b g(x)dx \quad \text{(線形性)}$$

$$\cdot\int_a^b f(x)\,dx = \int_a^c f(x)\,dx + \int_c^b f(x)\,dx$$

上記2式は、繋げたり分けたりして計算をしやすくするための工夫です。

・$\int_b^a f(x)\,dx = -\int_a^b f(x)\,dx$

被積分関数からマイナスを取っ払って計算ミスを減らしたり、積分の式を繋げるときなどに用います。

・$\int_a^a f(x)\,dx = 0$

消えた！

・$f(-x) = -f(x)$のとき、$\int_{-a}^{a} f(x)\,dx = 0$（このような$f(x)$を**奇関数**という）

・$f(-x) = f(x)$のとき、$\int_{-a}^{a} f(x)dx = 2\int_0^a f(x)\,dx$（このような$f(x)$を**偶関数**という）

奇関数の方は特に威力大！ですね。だって、消えるのですもの。

上記のような計算は、むやみに暗記するのではなく、簡単な関数を自分でつくって、確かに成り立つことを「納得すること」が重要です。

（　　）は大事！

（　　）のある・なし、適当になっていませんか？
例えば、

$$\sum_{k=3}^{5} k^2 + 2k = 3^2 + 4^2 + 5^2 + 2k$$

という意味です。$2k$もシグマしたいのならば、(k^2+2k)とする必要があります。丁寧な記述を心がけましょう。

用語のおさらい

定積分で求まる値　定積分で求まる値は、面積を含むさまざまな数値を表す実数です。

定積分の部分積分・置換積分

定積分を用いた具体的な計算

さて、ここからは、定積分を用いた、具体的な計算を見ていきましょう。むやみに暗記するのではなく、実際の計算を通してマスターするのが近道ですね。論理よりも、実践という感じでしょうか。その点では、微分積分は九九の練習に近いものがあるような気がします。

定積分の部分積分

不定積分の公式

$$\int f'(x)g(x)\,dx = f(x)g(x) - \int f(x)g'(x)\,dx$$

より、

$$\int_a^b f'(x)g(x)\,dx = [f(x)g(x)]_a^b - \int_a^b f(x)g'(x)\,dx$$

となります。例えば、

$$\int_1^2 \log x\,dx = \int_1^2 1\cdot\log x\,dx = \int_1^2 x'\log x\,dx$$

$$= [x\log x]_1^2 - \int_1^2 x\cdot\frac{1}{x}\,dx = 2\log 2 - \int_1^2 1\,dx = 2\log 2 - [x]_1^2$$

$$= 2\log 2 - 1$$

です。

定積分の置換積分

　公式風に書けば、

$$\int_a^b f(x)\ dx = \int_\alpha^\beta f(g(t))g'(t)dt$$

のようになりますが、安易に覚えようとしないでください。

　例をあげましょう。積分計算の前に、**三角関数の公式**

$$1 + \tan^2\theta\ = \frac{1}{cos^2\theta}$$

を確認してください。これを用いて、

$$I = \int_0^1 \frac{1}{4 + x^2}\ dx$$

の計算をします。$x=2\tan\theta$とおけば、

$$dx = \frac{2}{\cos^2\theta}\ d\theta \text{ および } \theta : 0 \to \frac{\pi}{4} \quad \text{となることから、}$$

$$I = \int_0^{\frac{\pi}{4}} \frac{1}{4}(1 + \tan^2\theta)\ \cdot \frac{2}{\cos^2\theta}\ d\theta = \int_0^{\frac{\pi}{4}} \frac{2}{4}\ d\theta = \left[\frac{1}{2}\theta\right]_0^{\frac{\pi}{4}} = \frac{\pi}{8}$$

です。なんと、θが消えてしまいました！

　実は、この例、不思議な積分なんです。高校の範囲で定積分は求まることがあるのですが、不定積分

$$\int \frac{1}{4 + 4x^2}\ dx$$

は求まりません。

　なお、積分区間の設定ですが、ご存じの通り$\tan\theta$は**周期関数**です。ならば、他にも積分区間の取り方はありそうです。きちんとした理由に関してはゴニョゴニョしますが、その区間で単調変化になるような置換をしてください。

線形性

前講で**線形性**という言葉が出てきました。和や差で分けたり繋げたりでき、定数係数は出したり入れたりしてよい、という性質です。直感で計算すると、線形性が無いにもかかわらず、$\log(x+y)=\log x+\log y$ や $\sqrt{x+y}=\sqrt{x}+\sqrt{y}$ のようにやってしまいます。$x=y=1$ とおけば、おかしいことはすぐにわかりますね。文字は数字ですから、代入して試せばすぐわかります。試すことが、重要です。確認、確認、いつもチェックです。

不思議の国の数学者

2023年公開の韓国映画「**不思議の国の数学者**」は、数学者をテーマにした映画です。脱北した天才数学者と、挫折寸前の劣等生との出会いがもたらす、勇気と希望に満ちた物語です。人生に失望している2人が出会い、数学を通して人生を見つめ直していく物語です。数式をとおして描かれる物語は、今を生きる私たちに共感と希望、励ましのメッセージを送ってくれます。

また、数学の美しさを証明するために円周率から作られた「π(パイ)ソング」のピアノ演奏など、数学を音楽で表現したシーンも圧巻です。

名優チェ・ミンシクの久々の主演映画で、注目の話題作となりました。

28 定積分で表された関数

微分積分学の基本定理

定積分を用いて、様々な関数を求めよう、という節です。この節では、とりわけ微分法と積分法が入り乱れます。大学受験では定番です。特に、文系や数学Ⅲの無い理系で。定番である理由は、ほどよく点差が付くから、でしょうね。丁寧に勉強している人からすれば、ボーナス問題かもしれません。そんな分野です。

微分積分学の基本定理

大層な名前が付いていますね。その名の通り、実は、結構大事な定理です。$\boldsymbol{a}$ を $\boldsymbol{x}$ に寄らない定数として、

$$\frac{d}{dx}\int_a^x f(t)\ dt = f(x) \qquad \cdots\cdots❶$$

です。その意味は単純です。

$$\int f(t)dt = F(t)$$

とおけば、

$$❶\text{の左辺} = \frac{d}{dx}\left(F(x) - F(a)\right) = F'(x) - 0 = f(x)$$

ですね。実は、元々、微分学と積分学は別々に発展しました。それを結びつけるのがこの定理です。歴史が統合された金字塔とでも思ってください。なお、本定理は他にも表現方法が存在します。

定積分で表された様々な関数

基本的なアプローチは「微分積分学の基本定理」で述べたとおりです。具体例を通して見ていきましょう。

$$\int_{2x}^{2} f(t)\,dt = 2x^2 + a$$

「微分積分学の基本定理」で合成関数が絡んだ問題です。解き方は一緒です。

$\int f(t)dt=F(t)$とおけば、与式は

$$[F(t)]_{2x}^{2} = 2x^2 + a \qquad \cdots\cdots❶$$

となります。まず、❶の両辺で$x=1$とすれば、$0=2+a$となり、$a=-2$が求まります。さらに❶の左辺を整理したもの$F(1)-F(2x)=2x^2-2$の両辺をxで微分して$0-F'(2x)=4x$となります。ここで、合成関数の微分法を用いました。さらに整理して、$-2f(2x)=4x$となり、$f(2x)=-2x$を得ます。改めて$2x$をxとおけば、$f(x)=-x$となります。やっと、求まりました！

$$f(x) = x^2 + \int_{0}^{2} f(t)\,dt$$

積分区間が定数である定積分が式の中に含まれるパターンです。kを定数として

$$k = \int_{0}^{2} f(t)\,dt \qquad \cdots\cdots❶$$

とおけば、与式は

$$f(x)=x^2+k \qquad \cdots\cdots❷$$

となり、具体的になります。これを❶に代入すれば、

$$k = \int_{0}^{2} (t^2 + k)\,dt = \left[\frac{1}{3}t^3 + kt\right]_{0}^{2} = \frac{8}{3} + 2k$$

となり、

$$k = -\frac{8}{3}$$

が求まります。この結果を❷に代入することで、$f(x)$の正体が得られます。

$$f(x) = x + \int_0^1 x\,f(t)\,dt$$

式中にdtとあることから、積分はtを変数として実行せよ、ということです。また、式中に$f(x)$とあることから、xの関数であることがわかります。こういった式では、まず、xとtを分離します。

$$f(x) = x + x\int_0^1 f(t)\,dt$$

あとは前問と同じで、

$$k = \int_0^1 f(t)dt \qquad \cdots\cdots❸$$

として与式を整理すると$f(x)=(1+k)x$を得ます。

これを❸に代入して$k=\int_0^1 (1+k)t\,dt$となり、計算して

$$k = (1+k)\left[\frac{1}{2}t^2\right]_0^1 = \frac{1}{2}(1+k)$$

より$k=1$と求まります。以上より、$f(x)=2x$ですね。

絶対値記号

絶対値記号、慣れていますか？　実数の絶対値に限れば、a≧0のとき|a|=a、a<0のとき|a|=-aですね。「aって、同時に0以上になったり負になったりするんですか？」と質問されたことがあります。いえいえ、そういう意味ではありません。何かよくわからない実数aがあって、これがもし0以上ならこうなって、もし負ならこうなって、という意味です。場合分けで用いられる文字は、「こういう場合があれば」ということを意味します。

定積分と和の極限

面積を再定義する

微分法には定義そのものに極限が絡むため、「微分は極限とセットだなあ」という感じがします。実は、高校2年の数学でも、面積を微分の定義で説明します。でも、説明抜きでインテグラルすれば面積は出るんだ、と習った人も多いと思います。私はそれでもいいと思いますが、ここでは面積を再定義します。

区分求積法とは？

区分求積法とは何でしょうか？　大層な名前が付いていますが、面積の定義そのものです。発想としては単純で、面積を計算しやすい単純な図形に分割し、それを足し合わせようというものです。ちなみに、小学校の算数では、1辺の長さが1の正方形の面積を1と定義しています。

区分求積をしてみましょう

$y=3x^2$, $x=1$, x軸で囲まれた領域Dの面積Sは、

$$S=\int_0^1 3x^2\,dx=\Big[x^3\Big]_0^1=1$$

ですね。さて、領域Dを以下のように横の長さが一定$\frac{1}{n}$の長方形で覆ってみましょう。長方形の縦の長さは左から

$$3\cdot\frac{1^2}{n^2},3\cdot\frac{2^2}{n^2},\cdots,3\cdot\frac{n^2}{n^2}$$

となるので、長方形の面積の総和T_nは、次のようになります。

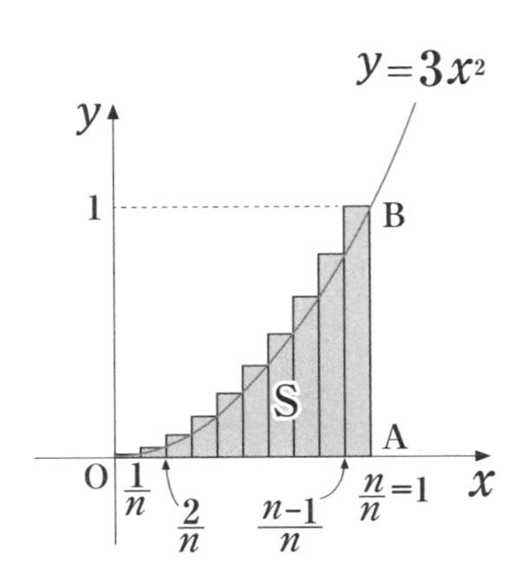

$$T_n = \frac{1}{n} \times 3 \left(\frac{1^2}{n^2} + \frac{2^2}{n^2} + \cdots + \frac{n^2}{n^2}\right) = \frac{1}{n} \times 3 \times \frac{1}{n^2}(1^2 + 2^2 + \cdots + n^2)$$

$$= \frac{3}{n^3} \times \frac{1}{6} n(n+1)(2n+1)$$

$$= \frac{1}{2n^2}(n+1)(2n+1)$$

縦×横をたくさん足しました。ここで、$n \to \infty$とすれば、長方形の横幅は限りなく0に近づき、「ガタガタ」がどんどん無くなって、

$$S = \lim_{n\to\infty} Tn = \lim_{n\to\infty} \frac{1}{2} \cdot \frac{n+1}{n} \cdot \frac{2n+1}{n} = \lim_{n\to\infty} \frac{1}{2} \cdot \left(1 + \frac{1}{n}\right) \cdot \left(2 + \frac{1}{n}\right) = 1$$

となります。富士山の近くではゴツゴツする岩が見えるけれども、富士山から結構離れたところでは富士山の稜線がなめらかな曲線に見えるようなものです。一般には次のようになります。

$y=f(x)$, $x=1$軸, y軸で囲まれた領域Dの面積Sは、

$$S = \lim_{n\to\infty} \frac{1}{n} \sum_{k=1}^{n} f\left(\frac{k}{n}\right) \quad \cdots\cdots❶$$

となります。ピンと来ない人は、シグマを使わずに縦×横を書き出してみましょう。また、示した一般の場合はx：$0 \to 1$のときですが、x：$a \to b$でも同様です。長方形で覆って考えましょう。

区分求積における注意点

先の説明の通り、1つひとつの長方形の面積は0に近づきます。0に近づきはしますが、0ではないため、面積になるのです。つまり、

$$S = \lim_{n\to\infty} \frac{1}{n} \sum_{k=3}^{n} f\left(\frac{k}{n}\right)$$

のように、kの値の範囲が多少ずれていても、結局は❶と同じ値になるのです。

計算してみよう——図形と区分求積法

・底面の半径がr、高さがhの直円錐がある。底面に平行なn枚の平面でこの円錐を切り、体積を$n+1$等分する。これらの平面による円錐の切り口の面積$A_k(k=1,2,\dots, n)$の平均値をS_nとする。

$\lim_{n\to\infty} S_n$を求めよ。

底面の半径がr、高さがhの直円錐の体積をV_0とする。また、底面に平行な平面を上から順に$\pi_1, \pi_2,\dots, \pi_n$とする。平面$\pi_k(k=1,2,\dots, n)$による切り口の面積を$A_k$としておく。

平面π_kによって分けられてできた直円錐の部分のうち、頂点を含む方の体積V_kは、題意より、

$$V_k = \frac{k}{n+1} V_0$$ である。

相似な直円錐同士の体積比は底面の半径の比の３乗であるから、平面π_kによってできた切り口（=円）の半径r_kは、

$$r_k = r \times \left(\frac{k}{n+1}\right)^{\frac{1}{3}}$$ である。

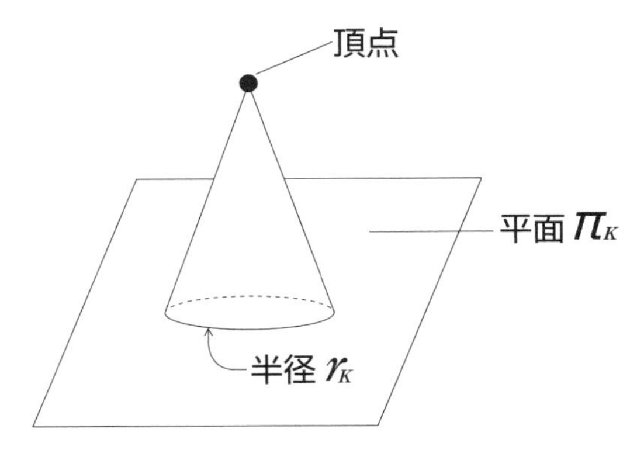

したがって、

$$A_k = \pi r_k^2 = \pi \left(\frac{k}{n+1}\right)^{\frac{2}{3}} r^3$$ となる。

以上より、

$$S_n = \frac{1}{n}\sum_{k=1}^{n} A_k = \pi r^2 \cdot \frac{1}{n}\sum_{k=1}^{n}\left(\frac{k}{n+1}\right)^{\frac{2}{3}}$$

$$= \pi r^2 \cdot \frac{n+1}{n} \cdot \frac{1}{n+1}\sum_{k=1}^{n}\left(\frac{k}{n+1}\right)^{\frac{2}{3}} \quad \cdots\cdots (*)$$

区分求積法より、

$$\lim_{n\to\infty} S_n = \pi r^2 \int_0^1 x^{\frac{2}{3}}\, dx = \pi r^2 \left[\frac{3}{5} x^{\frac{5}{3}}\right]_0^1 = \frac{3}{5}\pi r^2$$

(∗) が少し雑な記述なので、補足をします。

(∗) で、$x \to \infty$のとき、

$$\frac{n+1}{n} \to 1$$

です。また、$n+1=N$のように見てもらえると、区分求積法の公式通りになっていることがわかると思います。

場合分け

中学数学とは違い、高校数学以降は**場合分け**が頻出です。人生も場合分け。前講で登場した絶対値を例に取れば、「$a \geqq 0$のとき $|a|$ a=、$a \leqq 0$のとき $|a|$ $-a$」のように、等号＝を両方に入れても差し支えありません。また、$x^2+1 \geqq 0$のように、等号は成り立たなくても構いません。こういった場面での争いごとは嫌いですので、ここでもまた、異論は一応認めます (笑)。当然、状況によっては＝を適当に扱ってはいけないこともあります。

定積分と不等式

積分の平均値の定理

不等式の問題を等式に直して解く、という人をしばしば見かけます。状況によってはそうするのが良いのかも知れませんが、そもそも等式と不等式では式の持つ意味が異なります。みだりに不等式を等式に帰着させようとするのは、「冒険」かもしれません。私は、冒険はしなくてもよいのでは、と思います。

不等号は保たれる　その1

以下では、関数の定義域を$a \leqq x \leqq b$とします。等号成立の可否や関数の連続性は、ここでは気にしないでください。

$$f(x) \geqq 0 \Rightarrow \int_a^b f(x)\,dx \geqq 0 \qquad \cdots\cdots❶$$

です。逆は成り立ちません。⇒の左辺を$x : a \to b$で積分したという意味です。x軸の上にある曲線とx軸の間の面積と思ってもらえば良いでしょう。直感的に当たり前に感じる人も多いのではないですか？

不等式は保たれる　その2

$$f(x) \geqq g(x) \Rightarrow \int_a^b f(x)\,dx \geqq \int_a^b g(x)\,dx$$

です。移項して左辺にまとめてしまえば、❶の形になります。

定積分と絶対値

そういえば、虚数に大小関係はありません。「数」には、大小がないものもあるんですね。本書の積分では、実数値をとる関数のみを扱っています。一般的に

$$-|f(x)| \leqq f(x) \leqq |f(x)|$$

であるから、辺々を$x : a \to b$で積分して、

$$-\int_a^b |f(x)|\ dx \leqq \int_a^b f(x)\ \ dx \leqq \int_a^b |f(x)|\ dx$$
$$\Leftrightarrow \left|\int_a^b f(x)\ dx\right| \leqq \int_a^b |f(x)|\ dx$$

が成り立ちます。

積分計算よりも、絶対値の処理が難しいですね。簡単にいえば、

$$-3 \leqq x \leqq 3 \Leftrightarrow |x| \leqq 3$$

のようなことをやっています。定積分なんて、所詮数値です。

有名不等式の拡張

シュワルツの不等式、または、**コーシー・シュワルツの不等式**と呼ばれる不等式があります。

$$(ax + by)^2 \leqq \left(a^2 + b^2\right)(x^2 + y^2)$$

です。この定積分版!?が

$$\left(\int_a^b f(x)g(x)\ dx\right)^2 \leqq \int_a^b f(x)^2\ dx\ \int_a^b g(x)^2\ dx$$

です。

平均値の定理の拡張

$a<x<b$において、

$$\frac{1}{b-a}\int_a^b f(x)\ dx = f(c)$$

を満たす$x=c$が少なくとも1つ存在します。

積分の平均値の定理、と呼ぶことがある式です。ここでは証明しませんので、直感的には長方形の面積を利用して考えてみてください。あれ？　タイトルと違って等式じゃないか、と思いませんか。そうなんです！　証明の方法はいろいろあるのですが、不等式が絡んでいるので、ここに入れました。

$\displaystyle\int_a^b f(x)\,dx = (b-a)\,f(c)$ のイメージ

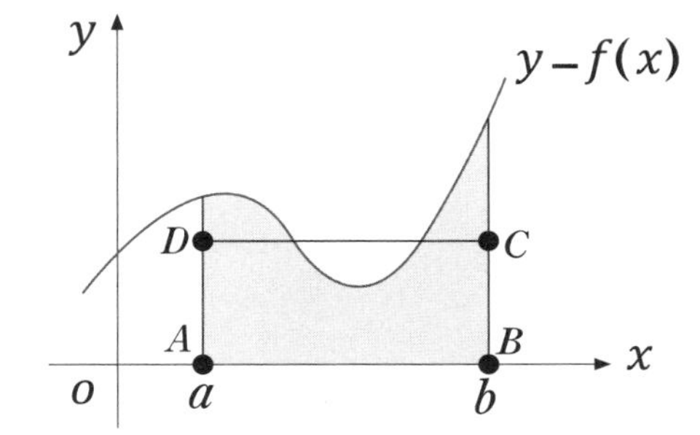

和をはさんでリミット

いろいろとてんこ盛りな計算を1つ。

・$a_n = \displaystyle\sum_{k=1}^{n} \frac{1}{\sqrt{k}}$, $b_n = \displaystyle\sum_{k=1}^{n} \frac{1}{\sqrt{2k+1}}$　とするとき、

$\displaystyle\lim_{n\to\infty} a_n$, $\displaystyle\lim_{n\to\infty} \frac{b_n}{a_n}$をそれぞれ求めよ。

図より、

$$\frac{1}{\sqrt{k}} \times (k+1-k) > \int_k^{k+1} \frac{1}{\sqrt{x}}\,dx$$

整理して、

$$\frac{1}{\sqrt{k}} > \int_k^{k+1} x^{-\frac{1}{2}}\,dx = \left[2x^{\frac{1}{2}}\right]_k^{k+1} = 2\left(\sqrt{k+1} - \sqrt{k}\right)$$

$k=1,2,\ldots,n$ として辺々加えて、

$$\sum_{k=1}^{n}\frac{1}{\sqrt{k}} > 2\left(\sqrt{n+1}\ -1\right)$$

$n\to\infty$とすれば右辺$\to\infty$となる。したがって、追い出しの原理より、

$$\lim_{n\to\infty} a_n = \infty$$

次に、

$$\frac{1}{\sqrt{2k+2}} < \frac{1}{\sqrt{2k+1}} < \frac{1}{\sqrt{2k}}$$ において、

$k=1,2,\ldots, n$として辺々加えると、

$$\frac{1}{\sqrt{2}}\sum_{k=1}^{n}\frac{1}{\sqrt{k+1}} < \sum_{k=1}^{n}\frac{1}{\sqrt{2k+1}} < \frac{1}{\sqrt{2}}\sum_{k=1}^{n}\frac{1}{\sqrt{k}}$$

整理して、

$$\frac{1}{\sqrt{2}}\left(a_n + \frac{1}{\sqrt{n+1}} - 1\right) < b_n < \frac{1}{\sqrt{2}}\,a_n$$

$a_n(>0)$で辺々を割って、

$$\frac{1}{\sqrt{2}}\left(1 + \frac{1}{a_n}\left(\frac{1}{\sqrt{n+1}} - 1\right)\right) < \frac{b_n}{a_n} < \frac{1}{\sqrt{2}}$$

前半の結果を用いれば、

最左辺 $\frac{1}{\sqrt{2}}$ となる。はさみうちの原理より $\lim_{n\to\infty}\frac{b_n}{a_n} = \frac{1}{\sqrt{2}}$

$$\lim_{n\to\infty}\frac{b_n}{a_n} = \frac{\lim_{n\to\infty} b_n}{\lim_{n\to\infty} a_n}$$

のようなことはできません。つまり、limは分けられません（分けるには条件があります）。

なお、答案において、「追い出しの原理」「はさみうちの原理」という言葉は、記述する必要はありません。

普通に積分してもできますが…

せっかくなので、積分の平均値の定理を使ってみましょう。

・$\displaystyle\lim_{h \to 0}\frac{1}{h}\int_0^{\sin h}(1-2\cos 2t)\,dt$ の値を求めよ。

積分の平均値の定理により、

$$\frac{1}{\sin h}\int_0^{\sin h}(1-2\cos 2t)\,dt = 1-2\cos(2\sin\theta)$$

となるθ（ただし、$0<\sin\theta<\sin h$）が存在する。$h\to 0$のとき$\sin\theta\to 0$となることに注意して、

$$\lim_{h \to \infty}\frac{1}{h}\int_0^{\sin h}(1-2\cos 2t)\,dt = \lim_{h \to 0}\frac{\sin h}{h}\cdot\frac{1}{\sin h}\int_0^{\sin h}(1-2\cos 2t)\,dt$$

$$= \lim_{h \to 0}\frac{\sin h}{h}\cdot\{1-2\cos(2\sin\theta)\} = 1\cdot(1-2) = -1$$

途中式を見てわかるとおり$\int$が消えるのが大きなメリットです。つまり、積分できないまたはしづらい関数に対して有効、というわけです。これは、普通の、微分における平均値の定理のメリットと同じですね。

31 定積分による面積の計算

面積の公式から計算の工夫まで

ここでは、微分法の定義を用いた面積の公式から始めて、面積計算でよく出る計算の工夫までを扱います。もちろん、ここで扱う面積は区分求積法で求めた面積と一致します。面積計算において重要なのは、面積を求める部分の形状をきちんと把握することです。単に公式を運用するだけでは、「面積ではない何か」を求めることになってしまいかねません。

準備

曲線$y=f(x)$、x軸、直線$x=a$、直線$x=t$で囲まれた領域をDとします。ひとまず

$$f(x)>0,\ t \geqq a$$

としておきましょう。不等式における等号の有無は気にしないでください。

▼図1

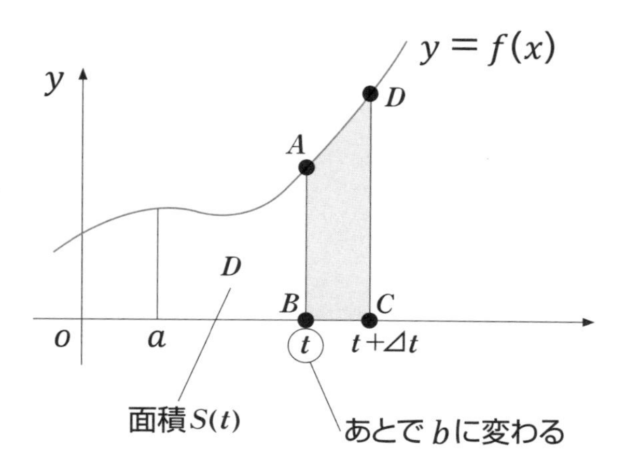

ここで、領域Dの面積を$S(t)$とします。あとで、$S(a)=0$が出てきます。直線$x=t$がΔtだけ右へ動くと、面積の増分は$S(t+\Delta t)-S(t)$ですね(図の網かけ部)。

▼図2

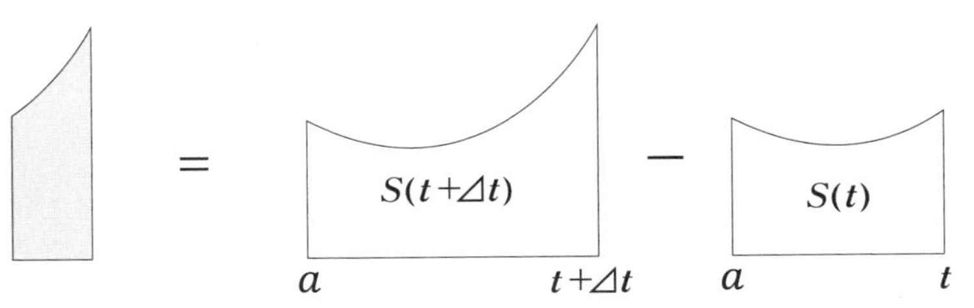

微分の定義

図の網かけ部と同じ面積の長方形を$ABCD$とします。

▼図3

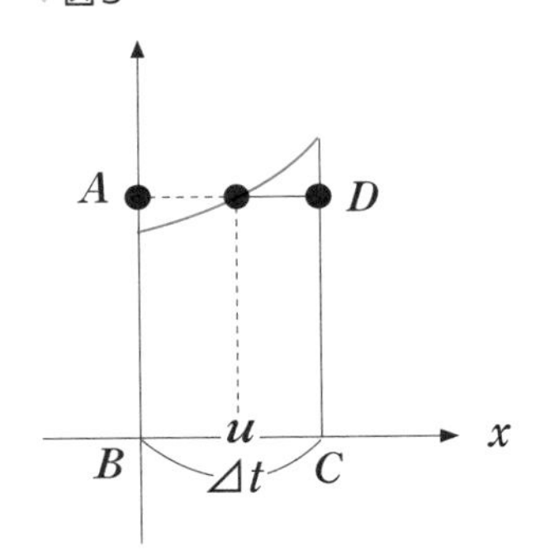

長方形の高さは$f(u)$、横の長さはΔtです。すなわち、

$$S(t+\Delta t)-S(t)=f(u)\times\Delta t \qquad \cdots\cdots❶$$

です。①をΔtで割って整理すると、

$$\frac{S(t+\Delta t)-S(t)}{\Delta t}=f(u) \qquad \cdots\cdots❷$$

を得ます。ここで、$\Delta t\to 0$を考えます。これは、Δtが0ではない状態を保って限りなく0に近づくということです。このとき、$t<u<t+\Delta t$においてはさみうちの原理より$u\to t$となり、$f(u)\to f(t)$を得ます。つまり、❷より

$$S'(t) = f(t) \qquad \cdots\cdots❸$$

ですね。左辺には微分の定義を用いました。

面積へ

あと一息です。もうちょい頑張ってください！　❸の両辺をtで積分して、

$$S(t) = F(t) + C$$

です。$F(t)$は$f(t)$の原始関数です。Cを決定するために$t=a$とすれば、$S(a)=0$より、

$$0 = F(a) + C \Leftrightarrow C = -F(a)$$

です。次の図のような面積を求めるのが目標なので、

▼図4

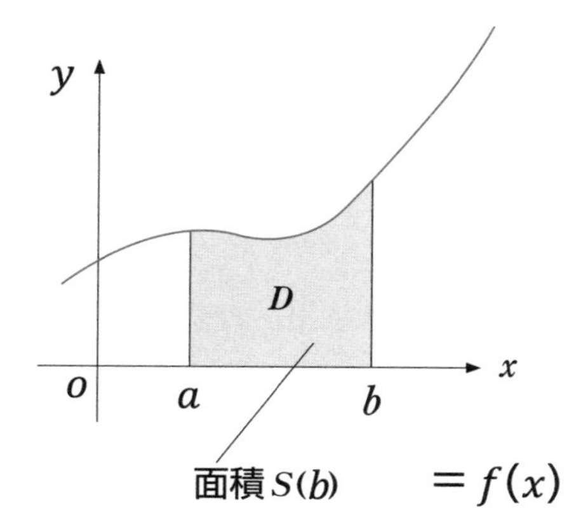

$$S(b) = F(b) - F(a)$$

です。これは、定積分を用いて

$$S(b) = \int_a^b f(x)\ dx$$

と表されることを意味します。お疲れ様でした！

一般には、$y=g(x)$、$y=h(x)$、$x=a$、$x=b$で囲まれた領域の面積Sは

$$S=\int_a^b (g(x)-h(x))\,dx$$

で求まります（$f(x)=g(x)-h(x)$と見ればいいですね）。

面積の定義は、いつも同じ

・曲線C：$x=2\theta-\sin\theta$, $y=2-\cos\theta$, $0\leqq\theta\leqq 2\pi$がある。この曲線と、x軸および2直線$x=0$, $x=4\pi$で囲まれた部分の面積Sを求めよ。

パラメタ（ここでは媒介変数と言っても可）を無理に消そうとしてはいけません。図を描いて、数学IIの面積とまったく同じように立式するだけです。図を描くのは、正しく立式するためです。

$$\frac{dx}{d\theta}=2-\cos\theta>0$$

よりxはθの増加関数である。また、$-1\leqq\cos\theta\leqq 1$より、$y>0$である。

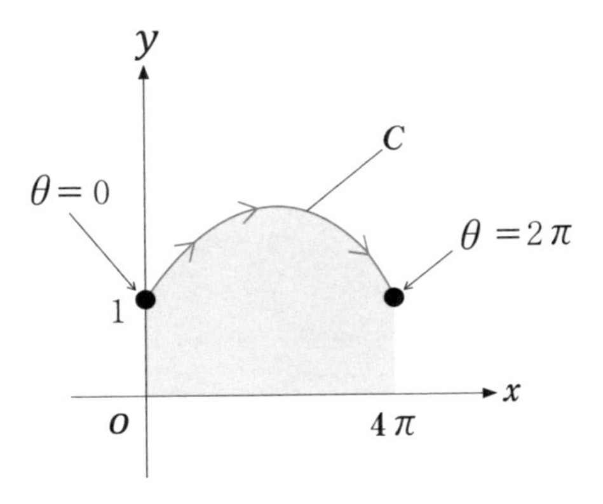

いったん$y=f(x)$とみなせば、求める面積は、

$$S = \int_{x=0}^{x=4\pi} f(x)\ dx = \int_{\theta=0}^{\theta=2\pi} y(\theta)\frac{dx}{d\theta}\ d\theta = \int_0^{2\pi} (2 - \cos\theta)^2\ d\theta$$

$$= \int_0^{2\pi} (4 - 4\cos\theta + \cos^2\theta)\ d\theta = \int_0^{2\pi} \left(4 - 4\cos\theta + \frac{1+\cos 2\theta}{2}\right) d\theta$$

$$= \left[4\theta - 4\sin\theta + \frac{1}{2}\left(\theta + \frac{1}{2}\sin 2\theta\right)\right]_0^{2\pi} = 9\pi$$

です。立式、数学Ⅱと100%同じであることがわかってもらえたでしょうか。変数が途中で$\boldsymbol{x}$から$\boldsymbol{\theta}$に変わるところに注意しましょう。なお、いきなり$\boldsymbol{\theta}$の式で書くのは、感心しません。定義に沿って、$\boldsymbol{x}$で書くのをおすすめします。

根号の処理

根号の処理、スムーズにできていますか？　中学３年生で習う根号ですが、平方根以外にもいろいろな根号があります。たとえば、$\sqrt[3]{-8}$。えっ、ルートの中にマイナスが入ってもいいのですか？　構いませんよ。$\sqrt[3]{-8}$は、「３乗すれば-８になるような数」という意味です。つまり、$\sqrt[3]{-8}$=-2ですね。一般に、

$$\sqrt[m]{x^n} = x^{\frac{n}{m}}$$

であり、「xのn乗のm乗根」と読みます。m乗すればx^nになる、ということです。微分積分の計算途中では、根号を用いずに指数で扱う方が楽な場合が多いでしょう。根号と言えば、分母の有理化のみならず、分子の有理化も行うことがあります。

高校の積分の限界

高校の授業で教わる積分は、正確には**リーマン積分**と呼ばれます。実は、このリーマン積分、関数の形状が複雑な場合や、関数が細切れになっているような場合にうまく計算できません。このような問題を解決するため、リーマン積分よりも便利な積分が存在し、これは**ルベーグ積分**と呼ばれます。ルベーグ積分についての詳細は、大学で学ぶことになります。

定積分による面積や体積の計算

回転体の体積、非回転体の体積

面積とは、極めて細長い長方形の寄せ集めで求まるのでした(区分求積法)。寄せ集める微小図形は長方形でなくとも構わないのですが、長方形の計算はわかりやすいじゃないですか。「簡明」「単純」は重要です。さて、「面積を積分すると体積になる」という主張があります。果たしてそうでしょうか。面積に「厚み」はないので、いくら足しても体積にはなりませんよ。

回転体の体積　微小円柱の寄せ集め

コピー用紙1枚は吹けば飛ぶようなものですが、これが1冊、500枚重なれば凶器にもなります。1枚の紙は薄いけれども、立派な直方体なのです。微小立体を積分する（＝積み重ねる）ことで体積を得ます。

次の図は、x軸よりも上にある$y=f(x)$と、直線$x=a$および$x=b$、x軸で囲まれた領域Dを表します。領域Dをx軸の周りに1回転させてできる立体の体積Vはどのように求まるのでしょうか。

図1

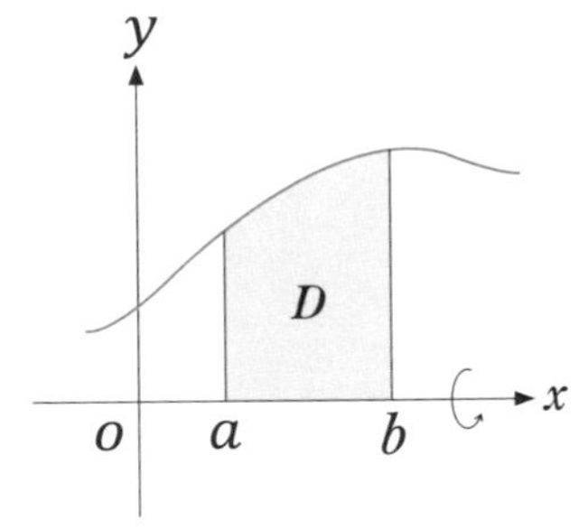

$$V = \int_a^b \pi f(x)^2 \ dx$$

です。公式として暗記しても構いませんが、原理は次の通りです。$y=f(x)$ 上のある点付近より、回転軸である x 軸に対し垂直な極細長方形を下ろします。横幅 dx のこの長方形を回転させると、底面積が $\pi f(x)^2$、厚みが dx の薄い円柱ができます。

▼図2

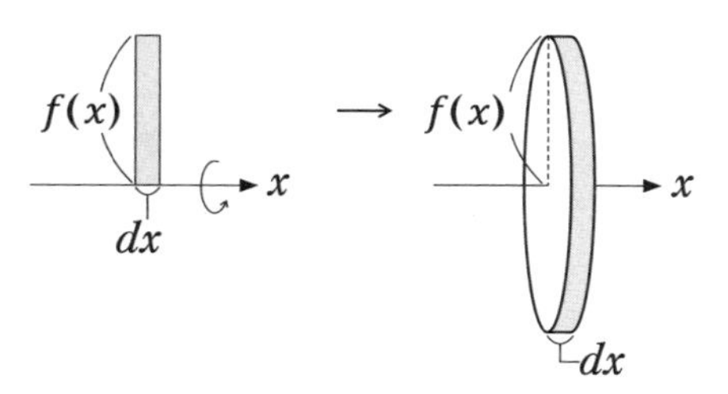

これを $x=a$ から $x=b$ まで積み重ねればいいのです。長方形は必ず垂直に下ろすことが重要です。原理がわかっていれば、y 軸の周りだろうが、t 軸の周りだろうが、自由自在に回せます。

非回転体の体積

一応、回転体と非回転体を区別しましたが、原理は100%同じです。次の図のように、バナナがあるとします。そして、バナナの横には z 軸が。z 軸対しに垂直になるよう、バナナを切り、その断面が $S(x)$ として表されたとします。少し包丁をずらしてさらに切れば、厚み dx のバナナスライスができます。以上より、体積 $S(x)dx$ の微小立体を積み重ねて、

$$V=\int_a^b S(x)\ dx$$

を得ます。包丁を積分軸に垂直に入れることが重要です。

▼図3

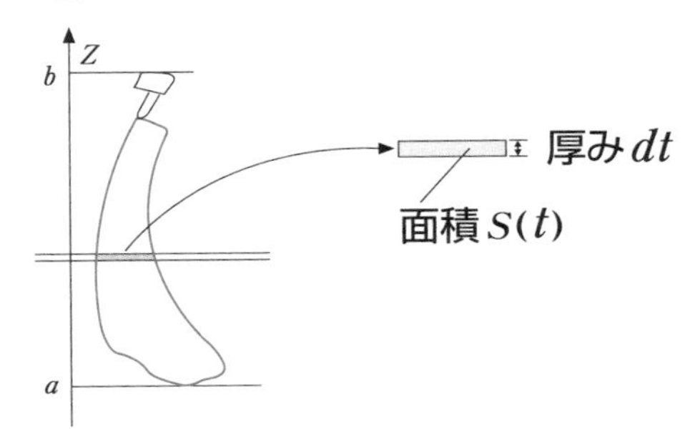

面積と体積　パップス・ギュルダンの定理

さて、z軸を含む平面上にある、面積Sの平面図形Fを考えます。図形Fをz軸の周りに1回転してできる立体の体積Vを求めてみましょう。図形Fの重心がわかっていれば、重心がz軸を1回転する長さlを用いて、

$$V=l\times S$$

となります。これを**パップス・ギュルダンの定理**といいます。図形Fが回転軸をまたがないことが重要です。

「水」の問題

水と言っても、環境問題ではありません。容器に水を入れたり、容器から水がこぼれたりする問題です。早速取り組みましょう。

・関数$y=10-\sqrt{100-x^2}$により定義される曲線をy軸のまわりに回転してできる回転体に毎秒100mlずつ水を注ぐ。座標の長さの単位をcmとして、水位が$h$cmになるのは何秒後か、求めよ。

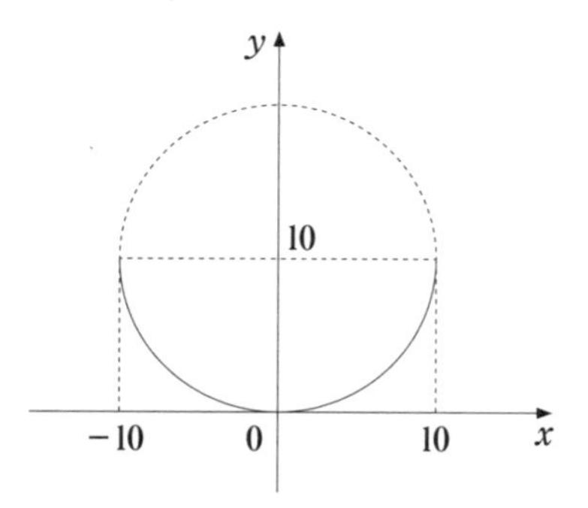

$100-x^2 \geqq 0$より$-10 \leqq x \leqq 10$、また、このとき$0 \leqq y \leqq 10$である。ここで、水位が$h$cmのときの水の量をVとする。

まず、$y=10-\sqrt{100-x^2}$より、$\sqrt{100-x^2}=10-y$

平方して整理すると、$x^2=100-(10-y)^2$

$$V=\int_{y=0}^{y=h}\pi x^2\,dy=\pi\int_0^h\{100-(y-10)^2\}\,dy=\pi\left[100y-\frac{1}{3}(y-10)^3\right]_0^h=\left(-\frac{1}{3}h^3+10h^2\right)\pi \text{ ml}$$

毎秒100mlずつ水を注ぐとあるから、

$$\frac{1}{100}\left(-\frac{1}{3}h^3+10h^2\right)\pi\text{秒後}$$

問題文中に「回転」と書かれていない場合でも、回転体である場合があります。本問では明らかに回転体とありますね。回転軸がy軸なので、横の長さがx、縦の長さがdyの長方形を垂直にy軸に立て、回して薄い円柱をつくります。これを積み重ねるのです。

定積分による曲線の長さの計算

計算可能な微小図形

面積・体積と同様、曲線の長さも、「計算可能な微小図形」に分割し、足し合わせます。原理や発想は同じなんですね。しかし、「計算可能」とは一体どういうことか、図形ってどこまで分割できるのか、を考えれば、夜も眠れなくなりそうです。これは「杞憂」ではなく、実際に昔から数学者・数学愛好者の頭を悩ませてきた課題なのです。奥は、深い。

座標平面上での道のり

枝垂れ柳の枝は、遠くから見れば綺麗な弧を描いていますが、近づくと節くれています。そびえ立つ富士山の稜線は滑らかに見えますが、近づくと岩がゴツゴツしています。短い線分を繋いで、滑らかな弧を作っていきます。

座標平面上を、点Aから点Bまで滑らかな曲線を描いて運動する点$P(x,y)$があります。時刻tにおいて、$x=x(t),\ y(t)$としましょう。tがαからβまで変化するときの曲線ABの長さをL、曲線APの長さを$s(t)$とします。

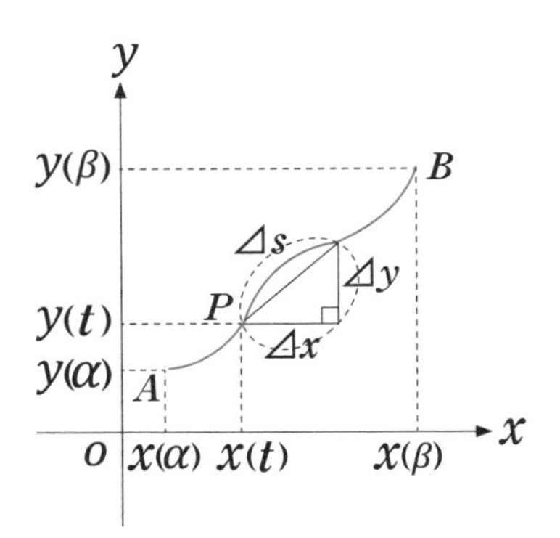

ここで、$x(t)$, $y(t)$, $s(t)$,の時間$\Delta t(>0)$に対する増分をそれぞれΔx, Δy,Δsとすれば、

$$\Delta s \fallingdotseq \sqrt{(\Delta x)^2 + (\Delta y)^2}$$

となります。**三平方の定理（ピタゴラスの定理）**ですね。両辺を

$$\Delta t = \sqrt{(\Delta t)^2}$$

で割って整理すると、

$$\frac{\Delta s}{\Delta t} \fallingdotseq \sqrt{\left(\frac{\Delta x}{\Delta t}\right)^2 + \left(\frac{\Delta y}{\Delta t}\right)^2}$$

となります。両辺で$\Delta t \to t$とすれば、

$$s'(t) = \sqrt{\left(\frac{dx}{dt}\right)^2 + \left(\frac{dy}{dt}\right)^2}$$

となります。ただし、

$$\frac{\Delta x}{\Delta t} \to \frac{dx}{dt} = f'(t), \frac{\Delta y}{\Delta t} \to \frac{dy}{dt} = g'(t)$$

です。

さらに、両辺を$t : \alpha \to \beta$で積分すれば、

$$\int_\alpha^\beta s'(t)\ dt = \int_\alpha^\beta \sqrt{\left(f'(t)\right)^2 + \left(g'(t)\right)^2}\,dt$$

すなわち、

$$s(\beta) - s(\alpha) = \int_\alpha^\beta \sqrt{\left(f'(t)\right)^2 + \left(g'(t)\right)^2}\,dt \qquad \cdots\cdots❶$$

を得ます。

$AP=s(t)$で$P=A$とすれば、$AA=0=s(\alpha)$、$P=B$とすれば、$AB=s(\beta)=L$です。これらを用いて❶を書き換えれば、

$$L = \int_{\alpha}^{\beta} \sqrt{\left(f'(t)\right)^2 + \left(g'(t)\right)^2 dt}$$

これが、曲線の長さ、つまり道のりを求める公式です。

書き換えてみよう

時刻tの関数として処理をするのが自然ですが、見慣れた形にすることもできます。$x=t,\ y=(t)\ (a \leqq t \leqq b)$のとき、$t$で微分して、

$$\frac{dx}{dt} = 1, \frac{dy}{dt} = \frac{dy}{dx} \cdot \frac{dx}{dt}$$

さらに整理して、

$$\frac{dy}{dt} = \frac{dy}{dx} \cdot 1 = f'(x)$$

です。これらを

$$L = \int_{\alpha}^{\beta} \sqrt{\left(\frac{dx}{dt}\right)^2 + \left(\frac{dy}{dt}\right)^2}\, dt$$

に代入すれば、

$$L = \int_{\alpha}^{\beta} \sqrt{1 + \left(f'(x)\right)^2}\, dx$$

を得ます。

求めてみよう

・aを正の定数、θを負でない値をとる媒介変数とする。

$$x = \sqrt{2}ae^{\frac{\pi}{4}-\theta}\cos\theta, y = \sqrt{2}ae^{\frac{\pi}{4}-\theta}\sin\theta$$

で表される曲線Cがxy平面上にある。

$\dfrac{\pi}{4} \leqq \theta \leqq \dfrac{\pi}{4} + 2n\pi$に対する$C$の部分の長さ$L_n$を求めよ。

ただし、nを自然数とする。

$$\frac{dx}{d\theta} = \sqrt{2}a\left(-e^{\frac{\pi}{4}-\theta}\cos\theta \ - e^{\frac{\pi}{4}-\theta}\sin\theta\right) = -\sqrt{2}ae^{\frac{\pi}{4}-\theta} \cdot \sqrt{2}\ \cos\left(\theta - \frac{\pi}{4}\right) = -2ae^{\frac{\pi}{4}-\theta}\cos\left(\theta - \frac{\pi}{4}\right),$$

$$\frac{dy}{d\theta} = \sqrt{2}a\left(-e^{\frac{\pi}{4}-\theta}\sin\theta + e^{\frac{\pi}{4}-\theta}\cos\theta\right) = -\sqrt{2}ae^{\frac{\pi}{4}-\theta} \cdot \sqrt{2}\ \sin\left(\theta - \frac{\pi}{4}\right)$$

$$= -2ae^{\frac{\pi}{4}-\theta}\sin\left(\theta - \frac{\pi}{4}\right)$$

であるから、

$$\left(\frac{dx}{d\theta}\right)^2 + \left(\frac{dy}{d\theta}\right)^2 = 4a^2\left(e^{\frac{\pi}{4}-\theta}\right)^2\left(\cos^2\left(\theta - \frac{\pi}{4}\right) + \sin^2\left(\theta - \frac{\pi}{4}\right)\right) = 4a^2\left(e^{\frac{\pi}{4}-\theta}\right)^2$$

したがって、

$$L_n = \int_{\frac{\pi}{4}}^{\frac{\pi}{4}+2n\pi}\sqrt{4a^2\left(e^{\frac{\pi}{4}-\theta}\right)^2}\ d\theta = \int_{\frac{\pi}{4}}^{\frac{\pi}{4}+2n\pi}\left|2ae^{\frac{\pi}{4}-\theta}\right|\ d\theta = \int_{\frac{\pi}{4}}^{\frac{\pi}{4}+2n\pi}2a\,e^{\frac{\pi}{4}-\theta}\ d\theta =$$

$$2a\left[-e^{\frac{\pi}{4}-\theta}\right]_{\frac{\pi}{4}}^{\frac{\pi}{4}-\theta} = 2a(1 - e^{-2n\pi})$$

積分計算の前に、三角関数の合成をしました。合成するとき、xは$\cos$で、yは$\sin$で行います（合成計算とは、三角関数の加法定理を逆方向に使っているだけです）。合成するとき、角度を統一します。そうしないと、公式$\cos^2 x+\sin^2 x=1$を用いることができないからです。さらに、$\sqrt{\ }$を外すとき、一般に$\sqrt{a^2} = |a|$です。たとえば、$\sqrt{(-3)^2} = |-3| = 3$ です。$\sqrt{\ }$内に２乗があるからといって、パッと外すのは危険です。本問では、結果的には｜　｜は不要です。単純計算ではありますが、いろいろな制約があるんですね。

定積分による速度と道のりの計算

物理への応用

かなり物理っぽい節になります。そもそも、物理を計算するための手段が微積分ですから、それは自然なことかもしれません。みなさんの中には、数学は好きだけど物理は苦手、のような人もいることでしょう。しばしの間、物理にお付き合いください。

物体の動き

簡単のため、直線上を運動する物体を考えます。単なる直線では計算できませんから、原点をOとする数直線を考えます。

数直線上を動く物体Pが、時刻tにおいて座標$x=F(t)$……❶にいて、速度が$v=f(t)$であるとします。❶をtで微分して、

$$\frac{dx}{dt}=F'(t)$$

です。左辺の「正体」がvですから、結局$v=f(t)=F'(t)$……❷となるのでした。少し乱暴な言い方をすると、座標の微分が速度、ということです。気をつけねばならないのは、物体は数直線上を右へ左へと動くということです。つまり、速度は正の値も負の値もとるということになります。

位置の変化

数直線上での速度（速さ）は、単位時間における移動量です。たとえば、秒速2kmなら、1秒間で2 km移動すると言うことです。これら微小変化量を加えて（＝積分して）いけば、位置（座標）の変化がわかります。さて、時刻$t=a$から時刻$t=b$までの変化量をsとして、

$$s=\int_a^b v\ dt=\int_a^b f(t)\ dt \qquad \cdots\cdots❸$$

となります。ここで、❷の両辺を積分して$F(t)=\int f(t)$なので、

$$s=[F(t)]_a^b=F(b)-F(a) \quad \cdots\cdots❹$$

を得ます。これは、あくまでも時間変化$b-a$における変化量であって、座標ではありません。❶より、時刻$t=b$における座標は$x=F(b)$とかけ、これと❹より$x=F(a)+s$を得ます。さらに❸より、$x=F(a)+\int_a^b f(t)\,dt$となります。

これが、座標を求める公式です。

道のり

道のりとは、物体が実際に動いた総距離です。たとえば、点Pが数直線上で右に4、左に6動いたとすれば、その道のりは$|4|+|-6|=10$です。

さて、道のりをlとすれば、

$$l=\int_a^b |v|\,dt=\int_a^b |f(t)|\,dt$$

となります。❸で絶対値をつけて、左右の移動量をいずれも非負として積み重ねたことになります。

さて、ここまでは、直線上の物体の運動を扱いました。平面上であればどうなるのでしょうか？　実は、$P(x,y), x=x(t), y=y(t)$とおいて、これらを微分して速度を出して考えます。ここからは、前講と同じで、求める道のりはLになります。

物体の運動を計算してみましょう

・Oを原点とする。2つの動点P、Qが、定点Oから同時に出発して、定直線上を同じ向きに動き始めるとする。2点のt秒後$(t \geqq 0)$の速度をそれぞれ$v_p(t)=7t(4-t)$, $v_Q(t)=2t(3-t)(6-t)$とするとき、動き出してからPとQが初めて出会うのは何秒後であるか。

t秒後のP,Qの座標をそれぞれ$p(t),q(t)$とする。これらの微分が速度であるから、$p'(t)=v_p(t)=7t(4-t), q'(t)=v_Q(t)=2t(3-t)(6-t)$となる。

それぞれtで積分すると、

$$p(t) = p(0) + \int_0^t 7t(4-t)\,dt = 7\left[2t^2 - \frac{t^3}{3}\right]_0^t = 14t^2 - \frac{7}{3}t^3$$

$$q(t) = q(0) + \int_0^t 2t(3-t)(6-t)\,dt = 2\left[\frac{t^4}{4} - 3t^3 + 9t^2\right]_0^t = \frac{1}{2}t^4 - 6t^3 + 18t^2$$

$p(0)=q(0)=0$であることと、2点が出会うときに$p(t)=q(t)$であることから、

$$14t^2 - \frac{7}{3}t^3 = \frac{1}{2}t^4 - 6t^3 + 18t^2$$

整理して、$3t^4-22t^3+24t^2=0$

$$t^2(3t-4)(t-6)=0$$

この方程式の解のうち、正で最小であるものが求める$3t^4-22t^3$である。

したがって、$t = \dfrac{4}{3}$

式を立てるとき、問題文の意味がわからなければ立てようがありません。2つの動点が出会うということを、2点の座標が等しい、ということに言い換えて、式を立てます。「出会う」という日常生活でも使うような言葉を、「座標が一致する」という数学の言葉に変換するのです。いきなり数学の言葉に直すのは難しいので、まずは、普通の日本語としてしっかり理解できているのかがポイントでしょうか。

学ぶことの楽しさ

「学校の勉強は嫌いだけど、学ぶのは好き」「試験はゲーム感覚でクリアできるけど、学問の何が楽しいかわからない」いろいろな考えがあると思います。みんな違って、大丈夫！興味がある分野を持っている、学ぶのが楽しい。そういった人は幸いだと思います。脳は、死ぬまでに大して使われない臓器だとか。せっかくなので、思いっきり使ってみましょう。

「パップス・ギュルダンの定理」を正しく使う

先ほど出てきた「パップス・ギュルダンの定理」、中学受験の塾で教えている場合があるそうです。「ロピタルの定理」「バームクーヘン分割」「フェルマーの小定理」……。大学受験で「使っていいんですか？」と聞かれます。どうでしょう。正しく使えたのなら、零点にはならないと思います。ところが、案の定というか、正しく使えた答案というのをほとんど見た記憶がありません。答えのみを書けばよい試験であれば「何でもあり」ですが、記述試験や何かを論述する際は、「わからないけど…」「書き方は…」はかなり厳しいですね。

「みはじ」の是非

小学校の算数の授業で、「道のり、速さ、時間」の関係を覚えるために、**みはじ**と呼ばれるフレームワークを教わらなかったでしょうか？　実はあれ、大変物議を醸すもので、しばしば有害であるとして敵視されます。それもそのはず、速さの定義を覚えていればフレームワークはまったく必要ないにもかかわらず、フレームワークによってペーパーテストだけは突破できてしまうため、速さの定義を理解しないまま先に進んでしまう子どもが続出するのです。速さはそもそも「道のり÷時間」によって定義されますから、このことさえ覚えていればあらゆる問題に対応できるはずですね。

第4章 微分方程式

微分方程式は、工学や経済学、経営学などで利用されます。統計学や機械学習を用いたモデルでは、豊富な実データを必要とする場合が多いですが、微分方程式を用いたモデルでは、論理的にモデルを組み立てられれば、少ないデータでも豊かな表現が可能です。

レオンハルト・オイラー
(1707～1783年)

カール・フリードリヒ・
ガウス
(1777～1855年)

社会で役立つ微分方程式

学び方の道筋

微分方程式は、工学や経済学、経営学などで利用されます。統計学や機械学習を用いたモデルでは、豊富な実データを必要とする場合が多いですが、微分方程式を用いたモデルでは、論理的にモデルを組み立てられれば、少ないデータでも豊かな表現が可能です。

微分方程式とは何か？

微分方程式とは、導関数が変数の関数で表されるような関係式のことを指します。工学的には、微分方程式を解けば、時間の変化に伴う時間変数の変化の様子がわかります。以降で、具体的な応用例をご紹介します。

力学と微分方程式

力学においては、微分方程式に関する知識を酷使します。例えば、ごく初等的には、物体の位置と速度、加速度の間の関係について、中学校や高校の授業で、読者のみなさまも聞いたことがあるかもしれません。実は、これらに関する関係式も、微分方程式として考えられます。

マーケティングの理論と微分方程式

企業の**マーケティング**活動をモデル化する際にも、微分方程式が用いられます。例えば、新製品の普及モデルとして、**Bassモデル**が利用されます。Bassモデルでは、新製品の普及度に対する内外の影響をパラメータとして織り込むことで、時間の推移に対する新製品の普及を表現できます。

用語のおさらい

Bassモデル　製品市場全体の規模がどのように変化するかを表したモデルです。1969年にバスが提唱しました。

数理モデルを現実世界で利用する勘所

時間の変化に伴う時間変数$y(t)$の変化の様子を調べる場合、統計学や機械学習を利用する方が、予測性能の観点では優れていることが多いです。では、わざわざ微分方程式を用いてモデルを組み立てる理由は何でしょうか？

結論から申し上げますと、大胆に簡略化して述べれば、微分方程式による予測が演繹的である一方、統計学・機械学習による予測が帰納的であるためということができます。

微分方程式によるモデルは、理論的にそうだと想定されることを数学的に記述することで予測を行います。もちろん、微分方程式を用いる場合でも、実データに対する予測能力を調べることでパラメータのチューニングを行うのですが、基本的には微分方程式は演繹的な予測手法であるということができます。一方で、統計学・機械学習のモデルの多くは、モデルの概略を措定したうえで、データからモデルを作っていくという作業が予測性能に大きく寄与します。この点で、統計学・機械学習の手法は、帰納的な予測手法であるといえます。

以上のことから、微分方程式は、少ないデータから演繹的にモデルを組み立てる必要がある際に活躍するといえます。

「力学系」の定番入門書

力学系は、微分方程式や差分方程式を用いて、一定の規則に従って時間の経過とともに変化するシステムの法則を明らかにする学問です。『ストロガッツ――非線形ダイナミクスとカオス』（丸善出版）はこの分野で定番の教科書になっています。

本書で微分方程式を学んだあとは、ぜひこちらの書籍を手に取って、ざっとページをめくってみてください。ページ数が多く見えますが、わかりやすく説明されているため、スラスラ読めてしまうと思います。ぜひチャレンジしてみて下さい！

36 高校レベルの微分方程式

微分方程式入門一歩前

微分や積分の知識を利用して、みなさまはすでに微分方程式を解くことができるようになっています。微分方程式を利用して、様々な物理現象や社会現象をモデル化することができます。

微分方程式について

微分方程式とは、方程式の中に未知の関数が含まれていて、未知の関数とその導関数の関係について表現した方程式です。微分方程式について、力学的なイメージで考えてみましょう。

ある点Pが、x軸上を一定の速度aで運動する場合、時刻tにおける点Pの座標をxとおくと、xはtの関数になります。位置xは時間tに比例して速度aずつ進んでいきますから、このことは下記のように表現できます。

$$\frac{dx}{dt} = a$$

また、物体が落下する場合、基準となる点Oから鉛直上方に向かう直線をy軸にとり、時刻tにおける物体の位置をyで表すと、下記の式が成り立ちます。

$$\frac{d^2y}{dt^2} = -g$$

ここで、gは重力加速度の大きさを表します。重力加速度とは、簡単にいうと、物体を落とした時に、その物体が地球に向かってどのくらいの速さで加速するかを表す定数です。

さて、このxとyは、tの関数として、xとy自身の導関数として表現されています。これらの式のことを、微分方程式と呼びます。

基本的な微分方程式の解き方

微分方程式から導関数の形がなくなるように式を変形して簡単にすることを、「微分方程式を解く」と言い、結果として得られる方程式のことを、その微分方程式の「解」と呼びます。早速、さきほどご紹介したxとyに関する微分方程式を解いてみましょう。一般的に、微分方程式を解く際にはいくつかの定石やパターンがありますが、今回ご紹介したごく簡単な例では、単純に与えられた導関数の形の方程式の両辺を積分すれば大丈夫です。まずは、xの式、

$$\frac{dx}{dt} = a$$

の両辺を積分してみましょう。これは、ただちに下記のようになることがわかります。

$$x = at + C_1$$

ただし、C_1は積分定数です。

また、yの式、

$$\frac{d^2y}{dt^2} = -g$$

も同様に積分すると、下記のようになります。

$$\frac{dy}{dt} = -gt + C_2$$

ただし、C_2は積分定数です。まだ導関数の形が残っていますから、もう一度積分しましょう。すると、下記のようになります。

$$y = -\frac{1}{2}gt^2 + C_2t + C_3$$

C_3は積分定数です。

用語のおさらい

重力加速度　重力により生じる加速度のこと。

微分方程式のパターン

実は、微分方程式にはいろいろなパターンがあり、パターンによって定石的な解法が存在します。変数分離系と呼ばれる微分方程式は、解法という観点では微分方程式の中ではもっとも基本的なパターンです。変数分離系の微分方程式は、下記のように表されます。

$$\frac{dy}{dx} = p(x)q(y)$$

ここで、$p(x)$と$q(y)$はそれぞれ変数xとyの関数です。このような微分方程式は、単純に積分を行えば解くことができるため、重宝されます。

ちなみに、本節でご紹介した、速度と加速度によって表現される座標の微分方程式は、「2階の常微分方程式」と呼ばれます。ここで、微分方程式における階数とは、微分方程式に含まれる導関数が何階の微分を含んでいるかを表します。「常」微分方程式とは、ここでは、高校で学ぶ程度のレベルの微分を含んだ微分方程式であるとざっくり理解しておいてください。「常」微分方程式に対応する微分方程式として、「偏微分」を含んだ方程式である、偏微分方程式があります。

キャサリン・ジョンソン（1918～2020年）

キャサリン・ジョンソンは、アメリカ合衆国の数学者です。NASAの宇宙計画における軌道計算を担当し、米国初の有人宇宙飛行を含め、NASAが初期のミッションを成功させる上で欠かせない存在となりました。複雑な手計算をこなす能力を評価され、電子コンピュータを使った計算の早期導入と推進にも貢献しました。

映画「ドリーム」で
彼女の活躍が
描かれています。

微分方程式の数値解法

実は、微分方程式には、「解けない場合」というものが存在します。厳密にいえば、手計算によって解くことが難しいような問題です。このような場合でも、コンピュータを使って計算が可能な場合があります。手計算によって求めた解のことを**解析解**、コンピュータによって求めた解のことを**数値解**と呼びます。数値解を求める場合には、コンピュータで計算することに伴う特有の注意事項があるため、別途勉強が必要です。ここでは、数値解法そのものではなく、その注意事項についてご紹介したいと思います。

微分方程式の数値解を求める際の注意事項はいくつかありますが、ひとつには数値誤差の考慮があります。微分方程式の数値解は、解析解とは異なりあくまで近似解であるため、解析解との比較や、数値解法を用いる際の適切な設定が必要です。例えば、下記のようなごく簡単な微分方程式を考えてみましょう。

$$\frac{dy}{dx} = 2x$$

この微分方程式の解析解は$y=x^2+C$（Cは積分定数）ですが、この$x=0.5$、$C=1$に対するオイラー法という数値解法による数値解を求めると、刻み幅と呼ばれるパラメータを0.1に設定した場合、$y=1.20$になります。一方、解析解によると、$y=1.25$となるはずですから、この時、解析解と数値解は一致していないことになります。

このように、微分方程式の数値解法を用いる際には、理論的に得られる解析解と正しく一致するかどうかについて、手法をよく理解したうえで検討する必要があります。

良いモデルとはどのようなモデルか

これまで、本書のコラムの中で何度か統計学における「モデル」の話をしました。モデルとは、現象を予測したり説明したりするための関数のことです。微分方程式もひとつのモデルといえますが、良いモデルとはどのようなモデルでしょうか。

これについては、モデルが置いている仮定が妥当であることを大前提とすれば、「汎化性能が良いモデルは、良いモデルである」といえます。モデルの汎化性能とは、おおざっぱに説明すれば、「モデルが過去のデータから未来のことを予測する能力」です。この汎化性能を向上させるために、様々なモデルを試したり、モデルのパラメーターをチューニングしたりします。

37 大学レベルの微分方程式

学習の展望

高校のレベルでは、微分方程式についてはあまり深く授業で扱いません。ここでは、大学レベルの微分方程式において、基礎的な概念について、ご紹介したいと思います。

解の分類

例として、下記の常微分方程式を考えましょう。

$$\frac{d^2y}{dx^2} - 2\frac{dy}{dx} - 3y = 0$$

この微分方程式の解は、$y = C_1e^{-x} + C_2e^{3x}$となります（まだ解けるようにならなくて構いません）。このとき、C_1やC_2は任意の実数です。このように、微分方程式の解には、任意定数を含むものがあります。一般に、n階の常微分方程式には、個の任意定数を含む解が存在することが知られています。このような、任意定数を含む解のことを**一般解**と呼びます。また、各任意定数に何らかの値を代入して得られる解のことを、**特殊解**と呼びます。この場合は、$y = e^{-x} + 2e^{3x}$は、特殊解に相当します。

別の例として、下記の常微分方程式を考えましょう。

$$\left(\frac{dy}{dx}\right)^2 + y^2 = 1$$

この常微分方程式の一般解は、$y = \sin(x + C)$となります。ただし、Cは任意の実数です。一方で、この一般解とは関係なく、実は$y = 1$もこの常微分方程式を満たします。このような解のことを、**特異解**と呼びます。

用語のおさらい

常微分方程式　未知の関数とその導関数が含まれた方程式のこと。

特殊解を与える方法

常微分方程式を通常通りに解くと、一般解（または特異解）として解が得られることがわかりました。では、特殊解はどのように決定すれば良いのでしょうか？　特殊解を特定する方法としては、その問題に応じた初期条件や境界条件の設定という方法があります。初期条件では、その微分方程式が表す最初の時刻におけるその関数の値や関数の導関数の値を決めます。

一方、境界条件では、微分方程式が定義されている定義域の端点の関数の値や関数の導関数の値を決めます。このように、初期条件や境界条件を適切に定め、微分方程式を適切に特定することによって、様々な物理現象や社会現象をモデル化することができます。

ゲーム理論と微分方程式

ゲーム理論は、社会や自然における、あらゆるゲーム的状況を分析の対象として、複数の意思決定主体が各々の目的の実現を目指して相互に影響を及ぼしている場合に、個人や全体の意思決定がどのようなものになるのかを調べる数学的な研究分野です。ゲーム理論では、個人の意思決定のモデルとして微分方程式を利用することがあります。ゲーム理論は、生物学、政治学、経済学、経営学など、幅広い学問分野で応用され、発展を続けています。

▼ゲーム理論の分類

	協力ゲーム	非協力ゲーム
ゲームの前提	プレイヤー間で拘束力のある合意が可能	プレイヤー間で拘束力のある合意が不可能
分析対象の単位	複数のプレイヤーから成る提携	個々のプレイヤーによる行動
表現形式	提携形ゲーム、戦略形ゲーム	展開形ゲーム、戦略形ゲーム
解の概念	安定集合、コア、交渉集合、仁、シャープレイ値、カーネルなど	ナッシュ均衡、支配戦略均衡、被支配戦略逐次排除均衡、サブゲーム完全均衡、進化的に安定な戦略など

母数とは何か？

みなさまは、**母数**という言葉について聞いたことがあるでしょうか？　日常生活で言う「母数」という言葉は、「分母になる数」という意味で（誤って）使われることが多いように思います。しかし、この「母数」という言葉は、少なくとも統計学や機械学習の世界では、「パラメーター」という意味の専門用語です。このため、統計学や機械学習の話をしているときに「母数」という言葉を使う場合には注意が必要です。

映画「奇蹟がくれた数式」

2015年イギリス。アインシュタインと並ぶ無限の天才とも称されたインドの数学者**ラマヌジャン**と、イギリス人数学者**ハーディ**の実話を映画化した伝記ドラマです。国籍も身分も違う２人の天才が起こした奇跡と友情の物語が描かれています。

1914年、ケンブリッジ大学の数学者ハーディ教授のもとに、インドから１通の手紙が届きます。そこには驚きの「発見」が記されていました。ハーディ教授は早速、手紙の差出人であるインドの事務員ラマヌジャンを大学に招聘します。しかし、他の教授たちは、身分が低く学歴もないラマヌジャンを拒絶します。孤独と過労から病に倒れたラマヌジャンのために、ハーディ教授は奇跡の証明に挑みます。

ラマヌジャンは生涯で、独自に3,900近くの恒等式、方程式をまとめあげています。「ラマヌジャン素数」「ラマヌジャンθ関数」「分割式」「模擬θ関数」など、独創的で型破りな結果は、新しい分野を開拓し、膨大な量の研究を促すことになりました。

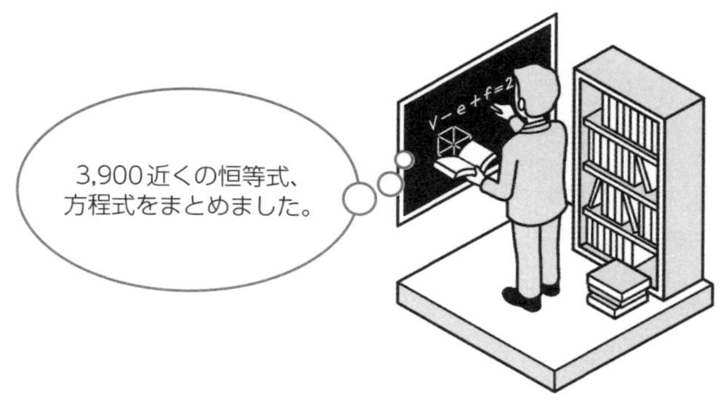

練習問題

問1

下記の微分方程式の一般解を求めよ。

① $\dfrac{dy}{dx} = 2x$

② $\dfrac{dy}{dx} = 2e^{x}$

③ $\dfrac{dy}{dx} = -\cos x$

＊解答・解説は、次ページをご参照ください。

解答・解説

●問1　解答・解説

① $\dfrac{dy}{dx}=2x$

両辺をxで積分すると、$y=x^2+C$となる。ただし、Cは積分定数。

② $\dfrac{dy}{dx}=2e^x$

両辺をxで積分すると、$y=2e^x+C$となる。ただし、Cは積分定数。

③ $\dfrac{dy}{dx}=-\cos x$

両辺をxで積分すると、$y=\sin x+C$となる。ただし、は積分定数。

ちょっとウンチク

数学史と微積について

　ここまでのコラムで数学史の話を織り交ぜてきましたが、微積分という領域だけで考えても、世紀の大天才が切り開いてきた道を、現代ではほんの高校生の子どもたちが歩んでいると思うとちょっと感動しませんか？　ニュートンやライプニッツが、現代の子どもたちがごく当たり前に微分積分を利用しているのを目の当たりにしたら、どんな感想を述べるでしょうか？　近代数学を知らないまま生涯を終えた日本の和算家たちに至っては、数学の世界の広がりに大喜びしそうですね。微分積分に限らず目覚ましい勢いで技術革新が進んでいますが、未来の子供たちにも私たちの手でさらに良い形で知の高速道路を残してあげたいですね。

覚えておきたい微積の公式

●表記法まとめ

$$f(x) \to A \ (x \to x_0)$$

$$\lim_{x \to x_0} f(x)$$

$$\sum_{n=0}^{\infty} a_n$$

$$\frac{df(x)}{dx}, \frac{d}{dx}f(x), y', \frac{dy}{dx}$$

$$\frac{d^n f(x)}{dx^n}, \frac{d^n}{dx^n}f(x), \frac{d^n y}{dx^n}, f^{(n)}, D^n f(x)$$

●覚えておきたい公式

$$\lim_{\theta \to 0} \frac{\sin\theta}{\theta} = 1$$

$$e = \lim_{k \to 0}(1 + k)^{\frac{1}{k}}$$

$$f'(x) = \lim_{h \to 0} \frac{f(x_0 - h) - f(x_0)}{h}$$

$$\left(f(x) \pm g(x)\right)' = f'(x) \pm g'(x)$$

$$\left(kf(x)\right)' = kf'(x)$$

$$(f(x)g(x))' = f'(x)g(x) + f(x)g'(x)$$

$$\left(\frac{f(x)}{g(x)}\right)' = \frac{f'(x)g(x) - f(x)g'(x)}{(g(x))^2}$$

$$\frac{dz}{dx} = \frac{dz}{dy}\frac{dy}{dx}$$

$$\frac{dx}{dy} = \frac{1}{\frac{dy}{dx}}$$

$$(x^n)' = nx^{n-1}$$

$$(sin\theta)' = cos\theta$$

$$(cos\theta)' = -sin\theta$$

$$(tan\theta)' = \frac{1}{\cos^2\theta}$$

$$(\log_a x)' = \frac{1}{x\log a}$$

$$(a^x)' = a^x \log a$$

$$(\log x)' = \frac{1}{x}$$

$$(e^x)' = e^x$$

$$(fg)^{(n)} = \sum_{k=0}^{n} {}_nC_k f^{(n-k)} g^{(k)}$$

もっと深く学びたい人へ（主要参考文献）

コラムで出てきた書籍

哲学に興味を持った方へ

・『差異と反復』（上・下）（ジル・ドゥルーズ著 / 財津理訳 / 河出文庫刊）
・『構造と力――記号論を超えて』（浅田彰著 / 勁草書房刊）

ニュートンとライプニッツに興味を持った方へ

・『空間の謎・時間の謎――宇宙の始まりに迫る物理学と哲学』（内井惣七著 / 中公新書刊）

力学系に興味を持った方へ

・『ストロガッツ　非線形ダイナミクスとカオス』（Steven H.Strogatz 著 / 田中久陽訳 / 丸善出版刊）

マルチエージェントシステムに興味を持った方へ

・『マルチエージェントのためのデータ解析』（和泉潔、斎藤正也、山田健太共著 / コロナ社刊）

大人の学びなおしに興味がある方へ

・『定年後にもう一度大学生になる』（瀧本哲哉著 / ダイヤモンド社刊）

主要参考文献

・『数学 III』（数研出版刊）
・『理工系の微分積分学』（吹田信之、新保経彦共著 / 学術図書出版刊）
・『微分方程式講義』（金子晃著 / サイエンス社刊）

索引

あ行

か行

さ行

た行

な行

は行

ま行

や行

ら行

アルファベットその他

memo

●著者紹介

新井崇夫（あらい・たかお）

AIモデルベンダー、大手自動車部品メーカーを経て、現在はコンサルティング会社にてITコンサルティング業務に従事。これまでデータサイエンティストとして多くの統計分析や機械学習モデルの構築を手掛ける。学術・ビジネス両軸の幅広い知見に基づく地に足の付いた課題解決に強みを持つ。
京都大学経済学部卒業。筑波大学大学院ビジネス科学研究群博士前期課程修了。修士（経営学）Twitter:@ArrayLike

青木秀紀（あおき・ひでき）

駿台予備学校数学科講師。学生時代から塾講師や家庭教師など、教育関係の仕事に携わる。現在も、東京から九州にかけて、予備校で数学と地学の集団講義を担当している。

新しい高校教科書に学ぶ大人の教養
高校・微積

発行日　2023年10月 5日　第1版第1刷

著　者　新井　崇夫／青木　秀紀

発行者　斉藤　和邦
発行所　株式会社　秀和システム
〒135-0016
東京都江東区東陽2-4-2　新宮ビル2F
Tel 03-6264-3105（販売）Fax 03-6264-3094
印刷所　三松堂印刷株式会社　Printed in Japan

ISBN978-4-7980-6708-7 C0041

定価はカバーに表示してあります。
乱丁本・落丁本はお取りかえいたします。
本書に関するご質問については、ご質問の内容と住所、氏名、電話番号を明記のうえ、当社編集部宛FAXまたは書面にてお送りください。お電話によるご質問は受け付けておりませんのであらかじめご了承ください。